DER 1000 PS FLUGMOTOR

VON

Dr.-Ing. EDMUND RUMPLER

DER 1000 PS FLUGMOTOR

VON

Dr.-Ing. EDMUND RUMPLER

Herausgegeben von der
Wissenschaftlichen Gesellschaft
für Luftfahrt

Mit 2 Abbildungen und 24 Tafeln

MÜNCHEN UND BERLIN 1921
VERLAG VON R. OLDENBOURG

ÜBERSICHT

I. Einleitung.

Der bisherige Flugmotor ist eigentlich nur ein leichter Automobilmotor. Er kann als vollwertiger Flugmotor nicht angesprochen werden und krankt daran, daß er fast ausnahmslos von Automobilmotorenkonstrukteuren konstruiert worden ist, die von den besonderen Erfordernissen des Flugzeugbaues offenbar nur wenig verstanden haben. Dadurch entstanden Motoren, die den Flugzeugkonstrukteur in keiner Weise befriedigen konnten. Es zeigte sich auch vielfach, daß ein an sich scheinbar guter und leichter Flugmotor, infolge seiner Nichtanpassungsfähigkeit an das Flugzeug, für den Einbau solche Konstruktionsgewichte erforderte, daß das Gesamtergebnis nicht genügte.

Grundfalsch ist es, das geringe Konstruktionsgewicht ausschließlich oder vorwiegend durch Anwendung hochwertigen Materials, das hohe Beanspruchungen zuläßt, herbeizuführen. Dazu gehört keine Erfindungsgabe. Ein Motor, der durch solche Mittel zu geringen Gewichten führt, soll nicht dem Konstrukteur des Motors, sondern dem Stahltechnologen, dem es gelungen ist, Stahlsorten herauszubringen, die besonders hohe Beanspruchungen zulassen, Anerkennung bringen.

Der Flugmotorenkonstrukteur darf natürlich die hochwertigen Baustoffe nicht unbenutzt lassen, aber seine eigenste Tätigkeit beginnt, unter selbstverständlicher Anwendung dieses Materials, eigentlich erst bei der Schaffung neuer Gedanken, die neue Wege weisen, durch deren Beschreitung ein geringes Konstruktionsgewicht bei großer Betriebssicherheit herbeigeführt wird.

Zu solchen neuen Gedanken sind die heute unter der Bezeichnung „Überverdichten" und „Überbemessen" bekannten Verfahren, sowie die Anwendung von Zusatzluftpumpen und Gebläsen nicht zu zählen. Diese sind bei der Abfassung der vorliegenden Arbeit als bekannt vorausgesetzt.

Es würde den Rahmen der vorliegenden Arbeit überschreiten, wenn der ausführliche Nachweis erbracht werden würde, welche Fehler dem jetzigen Flugmotor anhaften. Es soll vielmehr nur ganz skizzenhaft und mehr äußerlich zum Ausdruck gebracht werden, welche Nachteile den hauptsächlichsten fünf Flugmotorenklassen zukommen.

Der Reihenmotor (namentlich für größere Leistung) eignet sich nicht zum Flugmotor. Er ist viel zu lang und schmal und nutzt den zur Verfügung stehenden, mehr breiten als langen Raum nicht richtig aus.

Ähnliches, aber etwas abgeschwächt, gilt auch vom Gabelmotor.

Der ein- und auch der zweisternige Sternmotor ist wenig zweckmäßig. Seine kurze Baulänge würde wohl entsprechen, aber er bedingt große unausgeglichene, umlaufende Massen, die schwere Gegengewichte erfordern. Beim zweisternigen Motor ergeben sich wohl kleinere Gegengewichte, aber es tritt ein schädliches Kippmoment auf.

Auch der Fächermotor ist bezüglich Massenausgleich mangelhaft, da er ebenfalls mit einem Kippmoment behaftet ist.

Der Umlaufmotor ist ebenfalls nicht als gute Ausführungsform zu bezeichnen. Er spart wohl das Kühlwasser, aber er schafft die sehr unangenehmen, großen Fliehkräfte, die zu ihrer Aufnahme zusätzliche Konstruktionsgewichte erfordern. Außerdem hat der Rotationsmotor großen Benzin- und Ölverbrauch, was namentlich bei längeren Fahrten das Betriebsgesamtgewicht in ungünstigem Sinne beeinflußt.

Der hochwertige Flugmotor kann nur durch Vereinigung eines Reihen- und eines Sternmotors entstehen. Dies gibt die Lösung.

Nicht unerwähnt soll bleiben, daß der Flugmotor der vorliegenden Arbeit ohne Schwierigkeiten in einen Höhenmotor umgewandelt werden kann. Nur um den Umfang der Arbeit nicht allzusehr zu vergrößern, wurde davon Abstand genommen. Es sollen aber in wenigen Worten die Mittel angegeben werden, die notwendig sind, um ohne Anwendung größerer baulicher Veränderungen einen Höhenmotor zu erhalten. Es ist nur notwendig, zu den 4 Motor-Zylindersternen einen oder zwei weitere Zylinderpumpensterne anzufügen, einen, wenn die Abmessungen der Pumpenzylinder groß sind, zwei, wenn sie entsprechend kleiner gewählt werden. Die von diesen Pumpenzylindern gelieferte komprimierte Luft wird zum Nachladen der Motorenzylinder verwendet.

II. Beschreibung des Motors
an Hand der Konstruktionszeichnungen.

1. Wahl der Zylinderabmessungen.

$$Ne\,28 = 1000\ PS \;.\;.\;.\;.\;.\; \text{Gesamtleistung}$$

Die Zylinderzahl wird mit 28 gewählt (wobei die im Abschnitt III Punkt 3, 4 und 5 erwähnlen Gesichtspunkte maßgebend sind).

$$Ne = \frac{F \cdot pm \cdot Cm}{75} \cdot {}^1/_4 \;.\;.\; PS \;.\;.\; \text{Leistung per Zylinder}$$

$$F = \frac{D^2 \cdot \pi}{4} \;.\;.\; cm^2 \;.\;.\; \text{Kolbenfläche}$$

$$Cm = \frac{S \cdot n}{30} \;.\;.\; m/Sek \;.\;.\; \text{mittl. Kolbengeschwindigkeit} = \frac{S \cdot n}{3000} \;.\;.\; cm/Sek$$

$$Ne = \frac{D^2 \cdot \pi}{4} \cdot \frac{pm}{75} \cdot \frac{S \cdot n}{3000} \cdot {}^1/_4 = \frac{1}{1148000}\, D^2 \cdot pm \cdot S \cdot n$$

$$D^2 \cdot S = 1\,148\,000 \cdot Ne \cdot \frac{1}{pm \cdot n} \;.\;.\;.\;.\; cm^3$$

$$Ne = \frac{1000}{28} = 35{,}714\ PS\ \text{Leistung per Zylinder}$$

$pm = 7{,}5$ kg (nach guten Flugmotorenausführungen gewählt)
$n = 2000$ p · M (Vergleiche Abschnitt III Punkt 3.)

$$D^2 \cdot S = 1\,148\,000 \cdot \frac{1000}{28} \cdot \frac{1}{7{,}5 \cdot 2000} = 2730 \;.\;.\;.\; cm^3$$

Es wird der Kolbenhub $S = 14$ cm gewählt. (Vergleiche auch Abschnitt III Punkt 3.)

$$D^2 = \frac{2730}{14} = 196 \qquad\qquad D = 14\ cm \;.\;.\; \text{Kolbendurchmesser}$$

Die Zylinderabmessungen sind also 14×14.
Das Verhältnis von Bohrung zu Hub = 1 entspricht unter Berücksichtigung einer Umdrehungszahl $n = 2000$ den besten Ausführungen von Flugmotoren.

2. Vergleichsweise Berechnung der Motorstärke.

Der wahrscheinlich in größter Stückzahl gebaute 160 PS-Daimler-Mercedes-Flugmotor, der 140 mm Bohrung und 170 mm Hub hat, gibt bei 1400 Umdrehungen eine effektive Bremsleistung $Ne_D = 183$ PS.
Seine mittlere Kolbengeschwindigkeit beträgt:

$$Cm_D = \frac{S \cdot n}{30} = \frac{0{,}17 \cdot 1400}{30} = 7{,}93\ m/Sek$$

In dem Motor der vorliegenden Arbeit bleibt die Bohrung von 140 mm unverändert.
Die mittlere Kolbengeschwindigkeit Cm steigt von 7,93 auf 9,33 m/Sek (Abschnitt III Punkt 3.)

$$Cn = \frac{S \cdot n}{30} = 9{,}33\ m/Sek \qquad S = \frac{30 \cdot 9{,}33}{n} \;.\;.\;.\; m \qquad \text{da } n = 2000\ p \cdot M$$

$$S = \frac{30 \cdot 9{,}33}{2000} = 0{,}14\ m \qquad \text{oder} \qquad S = 140\ mm$$

Die Zahl der Zylinder erhöht sich von 6 auf 28.

Dies ergibt eine Leistung $Ne\,1000 = 183 \cdot \frac{28}{6} \cdot \frac{9{,}33}{7{,}93} = 1005$ PS oder rund 1000 PS.

3. Berechnung des mittleren Drehmomentes.

$$Ne\,28 = \frac{P \cdot V}{75} \;.\;.\; PS$$

Die mittlere Umlaufgeschwindigkeit in der Entfernung des Kurbelzapfens

$$V = \frac{2r \cdot \pi \cdot n}{60} \;.\;.\;.\; m/Sek \qquad Ne\,28 = \frac{P}{75} \cdot \frac{2r \cdot \pi \cdot n}{60} \;.\;.\;.\; PS$$

Daraus ergibt sich das Drehmoment

$$P \cdot r = \frac{75 \cdot 60}{2 \cdot \pi} \cdot \frac{Ne\,28}{n} \;.\;.\;.\; m\,kg$$

Ne 28 = 1000 PS N = 1000 Umdrehungszahl des untersetzten Propellers per Minute.

$$P \cdot r = \frac{75 \cdot 60}{2\,\pi} \cdot \frac{1000}{1000} \;.\;.\; m\,kg \qquad P \cdot r = 716{,}2 \;.\;.\;.\;.\;.\; m\,kg$$

4. Konstruktion.

Die nun folgende Beschreibung des Motors soll sich nur auf die Hauptteile erstrecken. Die in Abschnitt V enthaltenen Konstruktionszeichnungen Nr. 1—11 geben an sich ein so klares Bild der Konstruktion, daß eine ausführliche Besprechung hier eigentlich eine Wiederholung des zeichnerisch Dargestellten bedeuten würde.

Im übrigen sei hier erwähnt, daß auch der folgende Abschnitt III (Mittel zur Erzielung geringen Konstruktions- und Betriebsgewichtes) vielfach als Ergänzung zur Beschreibung der Konstruktion betrachtet werden kann.

Der Motor stellt die Vereinigung eines Reihen- und eines Sternmotors dar. Es sind vier siebenzylindrige Sterne hintereinander gefügt, derart, daß je vier hintereinander liegende Zylinder, von denen jeder einem der vier Sterne angehört, einen normalen, vierzylindrigen Reihenmotor ergeben.

Es kann aber auch gesagt werden, daß sieben normale, vierzylindrige Reihenmotoren sternförmig um ein gemeinsames Kurbelgehäuse herum angeordnet sind, wodurch ein neuartiges Gebilde:

der Reihen-Sternmotor

geschaffen wird.

Dieser Reihen-Sternmotor hat eine normale Vierzylinder- Kurbelwelle, deren Kurbelzapfen symmetrisch zur Mittelachse angeordnet sind. Die Kurbelwelle ist fünfmal gelagert. Das vorderste Lager ist ein frei einstellbares Kugellager (Bauart Fichtel & Sachs). Die Sicherung gegen axiale Verschiebung der Kurbelwelle erfolgt in dem zwischen dem ersten und zweiten Zylinderstern angeordneten Wellenlager.

Die Kurbelwelle ist aus hochwertigem Nickel-Chromstahl gefertigt.

An jedem der 4 Kurbelzapfen wirken 7 Pleuelstangen, und zwar eine Haupt-Pleuelstange direkt und 6 Neben-Pleuelstangen indirekt, da sie an dem vergrößerten Kopf der Haupt-Pleuelstangen angelenkt sind. Die Einzelheiten dieser Konstruktion sind namentlich in Zeichnung Nr. 1 und Nr. 2 zu ersehen. Die Mittelpunkte der Bolzen, an denen die Neben-Pleuelstangen an der Haupt-Pleuelstange angelenkt sind, liegen in einem konzentrischen Kreise. Die Entfernungen dieser einzelnen Punkte untereinander sind jedoch nicht gleich, da die Gleichheit eine zeitliche Verlegung der Totpunktlage der an den Neben-Pleuelstangen angelenkten Kolben bedingen würde. Die genannten Punkte sind derart verlegt, daß die innere Totpunktlage, die dem Beginn des Arbeits- oder Saughubes entspricht, bei allen Zylindern stets im richtigen Zeitpunkt eintritt.

Die Haupt-Pleuelstange ist geteilt. Sie besteht aus einem Pleuelstangenschaft, der an einem Ende zu einem halben Lager ausgebildet ist, über das ein marinekopfartiger Deckel geschoben ist. Er wird am Lösen durch zwei seitlich eingeschobene Querstege verhindert, die sich gegen Nasen des Deckels legen. Vier Schrauben, je zwei für jeden Quersteg, ziehen den Deckel gegen den Schaft.

Die Haupt- und Neben-Pleuelstangen werden aus Nickelstahl angefertigt.

Der Kolben besteht aus einem Aluminium-Innenteil, der auch zum Kolbenboden ausgebildet ist, und einem äußeren Stahlmantel. Diese beiden Teile sind durch Gewinde miteinander verschraubt, wodurch gleichzeitig der äußerste Kolbenring festgehalten wird. Der Aluminiumkörper ist reichlich verrippt, um allen Ansprüchen bezüglich Festigkeit und Wärmeableitung zu entsprechen. (Über die Wirkung des Aluminium-Stahlkolbens in bezug auf Reibungsarbeit und auf Massenwirkung vergleiche auch Abschnitt III Punkt 17.)

Das Kurbelgehäuse besteht aus vier Teilen, die kreiszylinderförmigen Querschnitt haben. Jeder dieser Teile ist mit den 7 Motorenzylindern zu einem Stern zusammengegossen. (Vergleiche auch Abschnitt III Punkt 7 u. 9.)

Das Konstruktionsmaterial des Kurbelgehäuses bezw. Motorenzylinders ist Aluminiumlegierung besonderer Art und besonderer Bearbeitung. (Siehe Abschnitt III Punkt 17.)

Auf dem vorderen und hinteren Ende des Kurbelgehäuses ist je ein Aluminiumdeckel zentrisch angesetzt. Der vordere dient zur Lagerung des vorderen Wellenlagers. In ihm sind gleichzeitig die 6 Laufzapfen für die Zwischenräder des Übersetzungsgetriebes eingeschraubt. Auf seiner Oberseite trägt er einen Dom, der die Aufgabe hat, frische Luft aufzufangen und sie dem Inneren des Kurbelgehäuses zuzuführen. Auf der zylinderförmigen Verlängerung dieses Deckels sitzt der Aluminiumkühler. Ein anderer, mit ringförmigen Nuten ausgerüsteter Fortsatz bezweckt die Ölabdichtung des Übersetzungsgetrieberaums von dem Zündverteilungsraum. Der hintere Deckel dient einerseits zur Lagerung des letzten Wellenzapfens und anderseits zu der der zentrisch angeordneten Nockenscheiben. In diesem Deckel sind auch sieben Schwinghebelbolzen doppelseitig gelagert. Ferner ist in ihm ein Lagerzapfen für das Übersetzungszahnrad zur Steuerung einseitig eingeschraubt. Endlich sitzen im Deckel die Kugellager für zwei schräg nach aufwärts gehende Magnetapparat-Antriebswellen. Die inneren Lager sind ungeteilt, die äußeren geteilt. Desgleichen ist in diesem Deckel die Ölpumpe hälftig gelagert. Um sie am Herausfallen zu verhindern, ist ein weiterer Deckel vorgesehen, der gleichzeitig die vorerwähnten äußeren Kugellager zum Magnetapparat-Antrieb festhält und gleichzeitig zur Wasserpumpe ausgebildet ist.

Zwischen dem ersten und zweiten und zwischen dem dritten und vierten der kreiszylinderförmigen Kurbelgehäuseteile befindet sich je eine zentrierte, mit Ausnehmungen versehene Zwischenlagerscheibe. Diese ist zweiteilig und bildet ein Wellenzapfenlager. Zwischen dem zweiten und dritten kreiszylinderförmigen Kurbelgehäuseteil ist ein mit Ausnehmungen versehener Zwischenteil vorgesehen, der zur Lagerung des mittleren Wellenzapfens benutzt wird, aber außerdem in seinem äußeren Umfang einen ringförmigen Kanal enthält, der zur Gaszuführung dient.

Jeder Kurbelgehäuseteil ist mit dem benachbarten Deckel bezw. der Zwischenlagerscheibe durch vierzehn nur 10 mm starke Schrauben verbunden, die, da alle Teile gegeneinander zentriert sind, so schwach gehalten sein können.

An dem vorderen Kurbelgehäuseteil befindet sich ein mit ihm verschraubter, ballig ausgebildeter Außendeckel, der mit seinem Rande den Kühler festhält und innen zur Aufnahme von Trag- und Druckkugellagern ausgebildet ist. Dieser Außendeckel ist vorne mit einer Abschlußscheibe verschraubt und trägt außerdem im Inneren noch einen Ölabspritzring.

Erwähnt wurde bereits, daß an jedem Kurbelgehäuseteil sieben Motorenzylinder samt ihren konisch ausgebildeten Wassermänteln angegossen sind. Diese Arbeitszylinder enthalten im Interesse der Erzielung eines einfachen Gußstückes keinerlei schwierig herzustellende Ausbauten. Es sind vollständig glatte, außen konisch gestaltete Körper, die nur Stutzen für die Kühlwasseranschlüsse und an ihren Außenenden örtliche Verdickungen für die Zylinderkopfschrauben tragen. Ferner befindet sich je zwischen dem 1. und 2. und je zwischen dem 3. und 4. Zylinder ein der Entweichung warmer Luft dienender, angegossener zylinderförmiger Fortsatz.

Jeder Zylinder des hintersten Zylindersternes besitzt noch je eine rechteckige Tasche zur Aufnahme der für die betreffende Zylinderreihe bestimmten Steuerungsstangen. Diese Taschen sind an ihrer Innenseite kreiszylinderförmig ausgedreht, passend zum Anschluß für den zugehörigen hinteren Deckel. Auf der Außenseite sind die Taschen eben und schneiden mit den zugehörigen Zylindern ab.

Je vier hintereinander liegende Zylinder sind durch einen gemeinsamen Zylinderkopf aus Grauguß verbunden. Er trägt per Zylinder vier gleichgroße Ventile (2 Saug- und 2 Auspuffventile) und enthält außerdem die Saug- und Ausschubkanäle. Im Anschluß an die Taschen der Zylinder trägt der Zylinderkopf auch entsprechende Ausbauten, die kräftig verrippt und an ihrer Außenseite gleichzeitig zur Motorbefestigung ausgebildet sind. Der Zylinderkopf hat für jeden Zylinder zwei einander genau gegenüberliegende Zündkerzengewinde.

Der Zylinderkopf ist mit den vier hintereinander liegenden Zylindern durch Stehbolzen verschraubt und außerdem durch Wasserschlitze verbunden. Zwischen dem Zylinderkopf und den Zylindern befindet sich eine durchgehende, gemeinsame Packung, die aus einer innen liegenden Asbestlage und zwei außen liegenden, entsprechend ausgenommenen Kupferscheiben besteht, die am gegenseitigen Verschieben durch Umbördelung verhindert sind.

Die Außenfläche des Zylinderkopfes ist abgeflacht und trägt die Teleskopsteuerung, die wieder durch einen, durch drei leicht lösbare Schrauben zu entfernenden Aluminiumdeckel abgedeckt ist.

Die Betätigung der ($4 \times 28 = 112$) Ventile geschieht auf einfachem Wege unter Zuhilfenahme von vier zentral angeordneten Steuer-Nockenscheiben. Jede dieser Scheiben hat je drei Nocken. (Nach der

Formel $\frac{z-1}{2}$). Der Antrieb der vier, ein gemeinsames Stück bildenden Scheiben geschieht durch ein mit der Kurbelwelle fest verbundenes Zahnrad und durch ein einziges mit diesem kämmendes Zwischenrad, das in die Innenverzahnung des Nockenkörpers eingreift. Dieser erhält dadurch einen der Kurbelwelle entgegen gerichteten Umlauf. Die Übersetzung ins Langsame zwischen Kurbelwelle und Nockenscheiben ist 1:6 — (Nach der Formel 1:[z—1].)

Jede Nockenscheibe dient zur Steuerung eines ganzen Zylindersternes, und zwar arbeitet die hinterste Nockenscheibe mit dem vordersten, dem ersten Zylinderstern,' die nächste Nockenscheibe mit dem zweiten usw.

Die Steuerung geschieht dadurch, daß die Nocken gegen einen zweiarmigen, schwingenden Hebel arbeiten, der seine Bewegung unter Zuhilfenahme von je zwei Druckstangen auf einen zweiarmigen Gegenhebel überträgt.

Der zweiarmige schwingende Hebel ist derart gestaltet, daß das eine, der Saugbewegung entsprechende Ende halbkreisförmig ausgebildet ist und das entgegengesetzte, dem Ausschub dienende Ende eine entsprechende Verlängerung trägt, so daß dem längeren Offenhalten des Ausschubventiles Rechnung getragen ist.

Jeder Zylinderkopf trägt je eine Teleskopsteuerung. Sie besteht aus einer Innenwelle, die die Bewegung der hintersten Nockenscheibe auf die Ventile des ersten, vordersten Zylindersterns überträgt. Ein diese Welle umschließendes und auf ihr mittels Kugellager gelagertes kürzeres Rohr überträgt die Bewegung der nächstliegenden Nockenscheibe auf die Ventile des zweiten Zylindersterns. Singemäß wird durch eine auf der vorherigen Rohrwelle durch Kugellager gelagerte weitere Rohrwelle die Betätigung der Ventile des dritten Zylindersterns und durch ein noch kürzeres und weiteres Rohr die Steuerung des vierten Zylindersterns bewirkt. Die Innenwelle hat zur Betätigung der 4 Ventile an ihrem Vorderende eine Nabe mit 4 Hebeln, an deren äußeren Enden sich Einstellschrauben befinden. Gleiches ist bei den folgenden Rohrwellen der Fall.

Der Zylinderkopf trägt an seinem vorderen Ende ein geschlossenes Kugellager zur Lagerung der längsten Innenwelle. Ferner trägt er in der Motormitte und an seinem hinteren Ende je ein geteiltes Kugellager. Da alle Drücke stets radial nach auswärts gehen, kommt in die Teilfuge niemals Druck. Sie ist vollständig unbeansprucht, und die Teilung des Kugellagers in der hier beschriebenen Art ist daher zulässig.

Die Welle und die übergeschobenen Rohre nehmen, da sie eng aneinander schließen, recht wenig Raum ein. Auch äußerlich sieht die Teleskopsteuerung sehr einfach aus, da die verschiedene Schwingungen machenden inneren Wellenteile dem Auge entzogen sind.

Je zwei gleichartige Ventile jedes Zylinders sind mit ihren Schäften durch die zwei Flanschen einer Federkappe hindurchgesteckt und in ihnen durch versplintete Muttern befestigt. Im zylindrischen Mittelteil dieser Federkappe sitzt eine die Ventile nach außen ziehende Feder. Auf je zwei dieser Ventile entfällt also nur eine gemeinsame Feder.

Der Wasserpumpen-Antrieb erfolgt durch eine in direkter Verlängerung der Kurbelwelle angeordnete Pumpenwelle, die durch Feder und Nut auf Drehung mitgenommen wird. Diese Welle trägt das Zentrifugal-Pumpenrad, das für den vorliegenden Motor besonders groß ausgebildet ist. Die Zuströmung des Wassers erfolgt durch ein weites, zentral einmündendes Rohr. Die Abströmung des Wassers geschieht nicht, wie meist üblich, durch ein einziges Rohr, sondern es sind sieben Abströmrohre vorgesehen, die zu den sieben Gruppen von je vier Zylindern gehen. Da der Außendurchmesser der Pumpe sehr groß ist, genügt $^1/_7$ des Pumpenumfanges, um dem Wasser die notwendige Beschleunigung zu erteilen.

Das in jeden der sieben Vierzylinder-Reihenmotoren eintretende Wasser tritt an der Vorderseite des Zylinderkopfes wieder aus. Der Weg, den das Wasser in einem Reihenmotor nimmt, ist gegliedert. Ein Teil des Wassers strömt durch die, durch Schellen und Klemmen miteinander verbundenen Zylindermäntel. Ein anderer Teil des Wassers tritt durch die an der Außenseite der Zylinder vorgesehenen Schlitze und die zugehörigen des Zylinderkopfes ein und läuft zu dem vorderen Ende des Zylinderkopfes zu dem bereits erwähnten Wasseraustrittrohr.

Da die verschiedenen Vierzylinder-Reihenmotoren an einzelnen Stellen Luftsäcke bilden würden, ist überall für den Abzug der Luft, und zwar nach den höchsten Punkten des mittleren, oben gelegenen Zylinderkopfes, Sorge getragen.

Die sieben Ausströmungsleitungen der Zylinderköpfe stehen durch kurze Rohrleitung direkt mit dem äußeren, ringförmigen Kanal des zentral angeordneten Aluminiumkühlers in Verbindung. Die Wege, die das Wasser im Kühler selbst nimmt, sind auf Zeichnung Nr. 10 dargestellt. Aus ihr geht deutlich hervor, daß die Wasserwege jedes Reihenmotors ungefähr gleich lang sind, so daß die durch die einzelnen

Kühlerabschnitte hindurchgehenden Wassermengen gleiche Abkühlung erfahren werden. Die im inneren, ringförmigen Raum zusammenströmenden, abgekühlten Wassermengen treten an seinem unteren Teil aus und werden durch eine weite Rohrleitung, die an der Unterseite des Kurbelgehäuses entlangläuft, der Pumpe wieder zugeführt. Kurz vor Einführung in die Pumpe wird dieses abgekühlte Wasser noch zur Ölkühlung benutzt. Dabei ist Vorsorge getroffen, daß durch die Spaltung des Wasserweges nur geringe Wasserwiderstände auftreten. Erreicht wird dies dadurch, daß die umschriebene Linie des Ölpumpenkörpers Tropfenform hat. (Siehe Zeichnung Nr. 1, Schnitt A B durch die Ölpumpe.)

Die Ölpumpe erhält ihren Antrieb durch ein auf der verlängerten Zwischenradnabe sitzendes Exzenter. Dadurch entfallen besondere Zahnrad-Antriebe. Die Ölpumpe besitzt einen Stufenkolben. Der kleinere innere Kolben, der aus einem Rohr gebildet ist, trägt an seinem unteren Ende das Druck-Kugelventil. Der Pumpenzylinder hat an seinem unteren Ende das Saug-Kugelventil. Der größere Kolben wird dadurch gebildet, daß um das Rohr des Innenkolbens ein Bund herumgelegt ist. Der dadurch entstehende vergrößerte Zylinder ist ebenfalls mit einem Saug- und einem Druck-Kugelventil, dessen Wirkungsweise aus Zeichnung Nr. 1 und 6 hervorgeht, ausgerüstet.

In der nun folgenden Besprechung der Wirkungsweise der beiden Pumpen wird die erstere als Saug- und die letztere als Druckpumpe benannt. Das Kurbelgehäuse hat an seiner Unterseite einen der ganzen Länge nach hindurchgehenden, besonders weiten Ölkanal von 14 mm Durchmesser. In ihm sammelt sich das gesamte im Kurbelgehäuse auftretende Öl. Es geschieht dies dadurch, daß jeder zylinderförmige Kurbelgehäuseteil an seiner Unterseite Querlöcher hat. Das Kurbelgehäuse selbst wird also stets vollständig ölleer bleiben, da die kleinste Ölmenge sofort in dem unteren Ölkanal gesammelt und durch die Saugpumpe abgesaugt wird. Ein Verölen der unteren Zylinder ist aus diesem Grunde nicht möglich. Das aus dem Ölkanal gesaugte Öl wird beim Druckhub der Saugpumpe in das Innere ihres Kolbens gedrückt und geht von hier aus durch eine schräge Leitung in einen Nebenraum. Dieser steht durch ein Saugventil mit der zugehörigen Druckpumpe in Verbindung. Wenn diese saugt, wird zunächst dieses bereits einmal verwendete Öl angesaugt. Diesem gesellt sich, da sein Volumen kleiner ist als das Saugvolumen der Druckpumpe, Frischöl hinzu. Das entstandene Ölgemisch wird nun in ein, dem ersten Sammelrohr paralleles, längs des ganzen Zylindergehäuses verlaufendes (14 mm) Rohr gedrückt. Von diesem geht das Öl durch vier Querleitungen zu den hinteren vier Kurbelwellenlagern. Das vorderste erhält, da es als Kugellager ausgebildet ist, keine besondere Ölleitung. Zu seiner Schmierung genügt der Ölnebel des Kurbelgehäuses. Aus dem Kurbelwellenlager geht in bekannter Weise ein Teil des Öles in die Kurbelzapfen und von dort aus durch Kupferleitungen längs der Haupt- bezw. den Neben-Pleuelstangen in die hohlen Kolbenbolzen. Die Zylinderschmierung erfolgt durch das von dem Kurbelzapfen abgespritzte Öl.

Der Antrieb der zwei voneinander unabhängigen Magnetapparate geschieht durch ein konisches Zahnrad, das auf der verlängerten Nabe des zentral angeordneten Antriebsrades sitzt. Das konische Zahnrad kämmt mit zwei kleinen konischen Zahnrädern, die auf zwei Wellen sitzen, die einen Winkel von $^{360}/_{7}{}^{\circ} = 51\,^{3}/_{7}{}^{\circ}$ bilden. Das Übersetzungsverhältnis ins Schnelle ist 3,5 zu 1. Jeder Magnetapparat macht also 3,5 mal soviel Umdrehungen als die Kurbelwelle. Bei zwei Kurbelwellenumdrehungen ergeben sich sieben Umdrehungen des Magnetapparates und, da er pro Umdrehung 4 Zündungen erzeugt, 28 Zündungen. Jeder der Magnetapparate bedient je eine Zündkerze der 28 Zylinder. Die beiden Magnetapparate sind voneinander vollständig unabhängig. Das Versagen des einen Magnetapparates beeinflußt die Zündung des anderen nicht. Die Magnetapparate sind einfache normale Hülsenapparate, die nur den Primär- und Sekundärstrom erzeugen. Die Verteilung des Sekundärstromes auf die 28 Zylinder erfolgt nicht in dem Magnetapparat selbst, sondern in einem vollständig getrennten Verteilerapparat, über den später noch gesprochen werden wird. Es sei hier nur erwähnt, daß von den beiden Magnetapparaten nur je eine einzige Hochspannungsleitung zu dem Verteiler hinführt.

Die Vergaserleitung besteht aus einem ringförmigen Kanal, der im Mittelteil des Kurbelgehäuses wie bereits erwähnt, vorgesehen ist. In diesen münden zwei Zuleitungen, die von den beiden getrennten rechts und links vom Kurbelgehäuse angeordneten Pallasvergasern kommen. (Siehe Zeichnung Nr. 4.) Der ringförmige Kanal, der kaltes Gasgemisch empfängt, wird den stark verrippten Mittelteil des Kurbelgehäuses und damit das mittlere, auf Reibungsarbeit am stärksten beanspruchte Kurbelwellenlager stark abkühlen. Dies gestattet eine Vergrößerung der zulässigen Reibungsarbeit. Von dem ringförmigen Kanal gehen sieben weite, gleichlange, radiale Rohrleitungen zu den einzelnen Zylinderköpfen. Durch diese Anordnung bekommt jeder der sieben Reihenmotoren sein Gasgemisch unter gleichen Druckverhältnissen. Dies ist für die Gleichartigkeit des Gemisches, für die gleiche Leistung jedes Reihenmotors und daher für den Gleichgang von großer Bedeutung. Der weitere Weg des Gasgemisches innerhalb des Zylinderkopfes geht aus Zeichnung Nr. 9 ohne weiteres hervor.

Das Untersetzungsgetriebe besteht aus einem auf der Kurbelwelle sitzenden, normalen Stirnrad. Dieses arbeitet mit sechs Zwischenrädern, deren Lagerung im Gehäusedeckel bereits erwähnt wurde. Die Zwischenräder übertragen ihre Arbeit auf ein großes Innenzahnrad, das den doppelten Teil-Kreisdurchmesser hat wie das erste. auf der Kurbelwelle sitzende Zahnrad. Dadurch werden jenes und die zugehörige Welle die halbe Umdrehungszahl der Kurbelwelle, und zwar in entgegengesetztem Sinne, machen.

Das Innen-Zahnrad ist auf der Propellerwelle aufgekeilt. Diese, eine Hohlwelle, ist in zwei Kugellagern gelagert. Das vordere ist kugelig einstellbar und liegt in dem balligen Vorderdeckel, das hintere, kleinere, zweireihige sitzt in der Bohrung der Kurbelwelle. Die Mitte dieses Kugellagers fällt mit der des großen Haupt-Kugellagers zusammen. Dadurch wird verhindert, daß Schwingungen der Motorkurbel sich auf das kleine Kugellager der Propellerwelle übertragen. Es gibt wohl dort kleine Verdrehungen, aber keinesfalls senkrecht zur Kurbelwellenachse gerichtete Verschiebungen. Das gleiche kann von dem großen, vorderen Propellerwellenlager gesagt werden. Dieses nimmt, da es im vorderen balligen Deckel des Kurbelgehäuses sitzt, ebenso wie letzteres an den Schwingungen der Kurbelwelle nicht teil. Diese können sich nicht auf das Kurbelgehäuse übertragen, weil es nicht starr, sondern durch das kugelig einstellbare vordere Kugellager mit der Kurbelwelle verbunden ist. Es liegt also keine Möglichkeit vor, daß sich die Durchbiegungen der Kurbelwelle auf die Propellerwelle übertragen können. Infolgedessen wird auch das auf dieser Propellerwelle sitzende Zahnrad an den Schwingungen nicht teilnehmen, und es wird daher ein korrekter Eingriff der Zähne der Übersetzungszahnräder sichergestellt.

Durch die hier besprochene Anordnung sind die Übelstände, die bei den meisten der bekannten Übersetzungsgetriebe für Flugmotoren eingetreten sind, vermieden, und Brüche dieses Getriebes sind daher nicht zu erwarten.

Es sei noch bemerkt, daß die Beanspruchung der Übersetzungs-Zahnräder durch den gleichzeitigen sechsfachen Eingriff der Zwischenzahnräder klein ist.

Auf der Propellerwelle befindet sich auch ein Druck-Kugellager, das sowohl auf Zug als auch auf Druck wirkt. Es überträgt die axialen Kräfte der Propellerwelle direkt auf das Kurbelgehäuse, ohne daß die Kurbelwelle axiale Drücke empfängt.

Die Abdichtung des Getrieberaumes von dem ihn umgebenden Zündverteilerraum geht aus Zeichnung Nr. 1 ohne weiteres hervor.

Die Befestigung der Propellernabe auf der Propellerwelle erfolgt durch Mitnehmerrillen. Außerdem ist der Rohrteil der Nabe auf der Hinterseite durch einen Konus, auf der Vorderseite durch einen Zylinder auf der Propellerwelle zentriert, so daß gutes Laufen der Propellernabe gesichert ist. Die vordere Propellerscheibe ist auf dem Rohrteil der Nabe aufgesetzt und auch durch ein Rillensystem mitgenommen, so daß nicht nur der hintere, sondern auch der vordere Nabenflansch Arbeit übertragend wirkt.

Die Zündverteilung geschieht durch einen im Kurbelgehäuse zentrisch angeordneten, feststehenden Isolierring. Auf der Vorderseite sind zwei geschlossene Ringe, rechteckigen Querschnittes (1 und 3, Zeichnung Nr. 1 und 4), aus gut leitendem Material eingelassen. Der Ring 1 ist mit der Hochspannungsklemme des einen, der Ring 3 mit der des anderen Magnetapparates dauernd leitend verbunden.

In den Kreisebenen des Isolierringes befinden sich außerdem noch je 28, in den Zeichnungen Nr. 1 und 4 mit 2 und 4 bezeichnete Kontaktplatten, die mit den zugehörigen Zündkerzen der 28 Zylinder leitend verbunden sind. Diese Hochspannungsleitungen werden in dem, im Kurbelgehäuse hinter der Isolierplatte liegenden Raum derart verlegt, daß aus den Austrittsöffnungen des Kurbelgehäuses die Kabel bereits derart geordnet austreten, daß sie direkt zu den Zündkerzen der nächstliegenden Zylinderreihe geführt werden können. Äußerlich sichtbare, komplizierte Kabelwege sind also vollständig vermieden, und das Gewirre der Kabel bleibt unsichtbar. Die freien, aus dem Kurbelgehäuse hervorragenden Zündkabel, die sich schon äußerlich durch ihre Längen unterscheiden, können nicht verwechselt werden.

Wie die übersichtliche Kabelführung erreicht wird, geht aus Zeichnung Nr. 11 Fig. 1 bis 5 hervor. Eine Erörterung der hier angewandten besonderen Mittel würde den Rahmen der Arbeit überschreiten.

Die Überleitung des Hochspannungsstromes von den geschlossenen Ringen 1 und 3 auf die Klemmen 2 und 4 erfolgt durch zwei federnd angedrückte, in isolierten Gehäusen geführte Schleifkohlenkontakte. Sie laufen mit dem innen verzahnten Propeller-Zahnrad um und machen daher die halbe Umdrehungszahl wie die Kurbelwelle. Die eine Kohle verbindet den Ring 1 mit den Kontakten 2, die andere den Ring 3 mit den Kontakten 4.

III. Mittel zur Erzielung geringen Konstruktions- und Betriebsgewichtes.

1. Es ist erstrebenswert, daß das Konstruktionsmaterial, namentlich das, durch welches große Kräfte hindurchgehen, nicht nur vorübergehend, z. B. nur 5 bis 10% der Gesamtbetriebszeit, voll beansprucht ist. Kraß ausgedrückt würde dies bedeuten, daß derartiges Material 90 bis 95% der Zeit wenig oder nicht ausgenützt wäre. Dies käme einem Totgewicht im Motor selbst gleich. Daß der Motor, der als Triebmittel für tote Massen dient, nicht bereits selbst mit Totgewichten behaftet sein sollte, ist selbstverständlich. Und dennoch kranken alle Flugmotoren an diesem inneren Leiden.

Je mehr Prozente des Gesamt-Konstruktionsgewichtes des Motors andauernd beansprucht sind, desto leichter muß der Motor werden.

Dauerbeanspruchung des Materials ergibt also beste Ausnützung des Konstruktionsgewichtes.

Das Gesagte bezieht sich namentlich auf die Kurbelwelle und auf das Kurbelgehäuse. Diese Teile stellen mit die größten Konstruktionsgewichte dar und erhöhen das Gesamtgewicht des Motors sehr, wenn sie, wie oben angeführt, nur vorübergehend voll beansprucht sind.

Die vorliegende Flugmotorenkonstruktion trägt dem oben Gesagten in umfassender Weise dadurch Rechnung, daß auf jeden Kurbelzapfen viele Kolben in gleichen Zeiträumen wirken. Die Flugmotorenkurbel ist nach der Art eines gewöhnlichen Vierzylinder-Motors gebaut. An jedem Kurbelzapfen greifen aber je 7 Kolben an. Die so vorhandenen 28 Zylinder zünden in vollständig gleichen Zwischenräumen. Dadurch häuft sich weder die Beanspruchung, noch setzt sie vorübergehend aus. Es ist also dem hier ausgesprochenen Grundsatze, der Dauerbeanspruchung, voll entsprochen.

2. Ein sehr wichtiges Moment, das bisher bei vielen Flugmotorenkonstruktionen außer acht gelassen worden ist, ist die Innehaltung der Wöhlerschen Gesetze. Der Fall I dieser Gesetze, der die größte Materialschonung ergibt, stellt die ruhende, dauernd gleichbleibende Belastung dar. Diese kann bei Motoren nicht angewendet werden.

Bei fast sämtlichen Flugmotoren ist aber der ungünstigste, der Fall III der Wöhlerschen Gesetze, in Anwendung. Er besteht darin, daß das Material in einem Sinne bis zum Maximum beansprucht ist, worauf Entlastung bis Null und hierauf Belastung in entgegengesetztem Sinne stattfindet. Dadurch werden die Materialfasern bald auf Zug und bald auf Druck beansprucht. Dieser Fall ist namentlich bei den Flugmotoren, bei denen besonders häufig Vibrationen auftreten, von großem Übel und bedingt, daß selbst bei bestem, hochwertigem Material die zulässige Materialbeanspruchung nur relativ sehr niedrig gewählt werden kann.

Erstrebenswert ist, mindestens den Fall II der Wöhlerschen Gesetze anzuwenden. Er besteht darin, daß Höchst- mit Null-Belastungen wechseln, derart, daß die beanspruchten Fasern nur bis auf Null entlastet werden, niemals aber entgegengesetzte Beanspruchungen erhalten.

Die vorliegende Flugmotorenkonstruktion schafft die vorteilhafte Lösung, daß der Hauptteil des Motors, die Kurbelwelle, in einer Weise beansprucht wird, die nach Wöhler zwischen Fall I und II liegt. Dies bedeutet, daß das Material von seiner Höchstbelastung wohl entspannt wird, aber niemals bis auf Null. Das Material bleibt stets belastet, und zwar mit gleichen Vorzeichen wie bei der Maximalbeanspruchung. Der Erfolg dieser Tatsache ist, daß die so gefürchteten und gefährlichen Ermüdungserscheinungen des Materials kaum in Frage kommen, und daß der Konstrukteur, ohne das Material zu vergewaltigen oder ihm zuviel zuzumuten oder die Betriebssicherheit irgendwie zu gefährden, ohne weiteres in der Lage ist, mit der Materialbeanspruchung erheblich höher hinaufzugehen. C. Bach läßt Steigerungen der Materialspannungen von Fall III zu Fall I bis 200%, von Fall II zu Fall I bis 50% zu. Die vorliegende Konstruktion begnügt sich mangels abschließender praktischer Versuche zunächst mit sehr geringen Steigerungen der Beanspruchungen, was bezüglich der Betriebssicherheit einer großen Reserve gleichkommt.

3. Von allergrößter Bedeutung ist es, einen rasch laufenden Motor anzuwenden. Voraussetzung ist natürlich, daß die ganze Konstruktion und Bauart dies ohne Gefährdung der Betriebssicherheit zuläßt. Der Nachweis, daß dies bei der vorliegenden Arbeit zulässig ist, ist noch besonders in den Punkten 4, 5, 6 und 7 erbracht. Eigentlich spricht aber jeder Punkt des Abschnittes III direkt oder indirekt von der Zulässigkeit und Nützlichkeit der hohen Umlaufzahl.

Der hier besprochene Motor macht 2000 Umdrehungen in der Minute. Er erreicht eine Kolbengeschwindigkeit von nur 9,33 Metern in der Sekunde.

Die hier angefügten Tafeln, die Angaben über bekannte in- und ausländische Flugmotoren aneinanderreihen, geben auch über deren Umlaufzahlen und Kolbengeschwindigkeiten Aufschluß.

Übersetzte Motoren:

Firma	PS	Abmessungen	n	Prop. n_1	Zyl.-Zahl	mittl. Kolbengeschwindigkeit
Mercedes	250	140 × 160	1400	993	8	7,48
Renault	85	96 × 120	1800	900	8	7,2
Sunbeam	225	100 × 150	2000	1075	12	10
Hispano Suiza	170	120 × 130	1800	1200	8	7,8
Anglo-Daimler	200	100 × 140	2000	1000	12	9,35
Thomas	135	101,5 × 139,5	2000	1200	8	9,33
Rolls-Royce	240	114 × 165	1600	1022	12	8,8

Nicht übersetzte Motoren:

Firma	PS	Zyl.-Zahl	mittl. Kolbengeschwindigkeit
Mercedes	160	6	7,93
Benz	200	6	8,96
Maybach	240	6	9,34
Anglo-Daimler	200	12	9,33

Wie aus den Tafeln der übersetzten und nicht übersetzten Motoren zu sehen ist, haben mehrere eine annähernd gleiche und 5 Motoren eine gleiche oder größere Kolbengeschwindigkeit als der hier behandelte Motor. Da keiner der aufgezählten Motoren einen ähnlich guten Massenausgleich hat wie der hier bearbeitete Motor, so kann bezüglich der Wahl der Kolbengeschwindigkeit ausgesprochen werden, daß sie mit aller Vorsicht erfolgt ist und große Sicherheiten in sich birgt.

Dasselbe kann bezüglich der Umlaufzahl pro Minute gesagt werden.

Nach kritischer Würdigung der in den Tafeln vorliegenden Vergleichszahlen müßte man eigentlich versucht sein, mit der Kolbengeschwindigkeit bezw. mit den Umlaufzahlen erheblich höher zu gehen, denn die in Betracht kommenden Verhältnisse bei dem hier besprochenen Motor sind einer großen Umlaufzahl so viel günstiger als die Motoren der beiden Tafeln, daß viel Versuchung zu einer weiteren Erhöhung der Umlaufzahlen bezw. der Kolbengeschwindigkeit zu überwinden war.

Die hohe Umlaufgeschwindigkeit des Motors ist aber für den Propeller vom Übel. Sein Wirkungsgrad sinkt erheblich bei zunehmender Tourenzahl. Aus diesem Grunde ist bei dem Motor der vorliegenden Arbeit eine starke Untersetzung des Propellers ins Langsame vorgesehen. Dadurch wird der Propeller einen großen Nutzeffekt erhalten.

Es wird also sowohl die Krafterzeugung wie auch der Kraftverbrauch den Gesetzen der Wirtschaftlichkeit angepaßt.

4. Von großer Bedeutung ist der vollkommene Massenausgleich. Die Massenkräfte erster und zweiter Ordnung sollen vollkommen ausgeglichen sein, ohne daß ein Kippmoment auftritt.

Bei dem gewöhnlichen Vierzylinder-Reihenmotor mit zwei zur Mitte symmetrischen Gegenkurbelpaaren sind die Massenkräfte erster Ordnung ohne jede zusätzliche Hilfsmasse ausgeglichen. Die axial wirkenden Massenkräfte zweiter Ordnung sind sehr klein und rühren nur von der endlichen Pleuelstangenlänge her, die senkrecht dazu wirkenden Massenkräfte zweiter Ordnung sind gleich Null. Kippmomente treten nicht auf.

Bei den Siebenzylinder-Einsternmotoren findet unter Zuhilfenahme von zusätzlichen umlaufenden Gegengewichten ein vollkommener Massenausgleich statt. Derartige Motoren laufen vollkommen erschütterungsfrei.

Durch Vereinigung von vier Sternen von je sieben Zylindern zu einem viersternigen Reihenmotor oder von sieben Reihenmotoren mit je vier Zylindern zu einem siebenreihigen Sternmotor mit zusammen 28 Zylindern entsteht ein ganz neuartiges Gebilde, das in bezug auf vollkommenen Massenausgleich den größten zu stellenden Anforderungen entspricht. Es entsteht ein vollkommen erschütterungsfreier Flugmotor ohne Kippmoment, ohne daß Gegengewichte angewendet werden müssen.

5. Größere umlaufende Massen sind zu vermeiden. Sie erzeugen, wie z. B. bei Umlaufmotoren, Fliehkräfte, die hohe, zusätzliche Materialbeanspruchungen hervorrufen, die schädlich sind und daher unterbleiben müssen.

Der Umlaufmotor krankt auch daran, daß er großen Öl- und Benzinverbrauch hat.

Ersteres darum, weil jeder Tropfen Öl, der nach Hindurchgehen durch die Kolben in den Zylinder-Verbrennungsraum gelangt, von da aus durch die Ventile geht und abgespritzt wird, gleichgültig, ob er tatsächlich bereits verbraucht worden ist oder nicht.

Der hohe Bezinverbrauch ist dadurch bedingt, daß fast alle Umlaufmotoren den üblichen Düsenvergaser vermeiden und flüssigen Brennstoff in wenig zweckmäßiger Weise in die Zylinder einführen, wodurch die Verbrennung leidet. Auch die geringe Verdichtung des Gasgemisches, die bei Rotationsmotoren nur zulässig ist, ergibt eine unwirtschaftlichere Verbrennung und daher größeren Benzinverbrauch.

6. Eine weitere Bedingung ist ein vollkommener Gleichgang ohne Anwendung eines Schwungrades oder anderer zusätzlicher Gewichte. In vorliegendem Falle geschieht dies durch Anordnung von 28 Zylindern, die in ganz gleichen Abständen zünden. Dies gibt einen Gleichgang, der den so vollkommenen der Rotationsmotoren übertrifft. Stets empfängt der Propeller von dem zunächst liegenden Kurbelwellenzapfen Arbeit; niemals gibt der Propeller Arbeit an die Kurbel ab. Ein, dem Vorzeichen nach immer gleiches, der Größe nach nur wenig abweichendes Drehmoment flutet von der Kurbel in den Propeller. Die Eigenart fast aller Flugmotoren, daß die Motorkurbel treibt, aber abwechselnd auch getrieben wird, fällt hier also vollständig fort.

Der vollkommene Gleichgang bewirkt, daß alle Teile, die der Kraftübertragung dienen, namentlich das auf der Kurbelwelle sitzende Antriebsrad, das Zwischenrad, das innen verzahnte Zahnrad und die Propellerwelle samt Nabe und Schrauben, eine große Entlastung erfahren.

Die Diagramme der Zeichnungen Nr. 12 — 19 und die zugehörigen „Bemerkungen zu den Zeichnungen" erbringen den graphischen Nachweis der hier bekundeten Vorzüge.

7. Dem Propeller entgegengesetzt wirkt das Reaktionsmoment, das ebenso groß ist wie das Drehmoment des Propellers. Es handelt sich hier also um sehr große Kräfte, die im Kurbelgehäuse auftreten, von ihm abgeleitet und durch die Motorfundamente in das Flugzeug überführt werden müssen. Hier die günstigste Form für das Kurbelgehäuse zu wählen, ist von großer Bedeutung für ein geringes Konstruktionsgewicht.

Die vorliegende Konstruktion trägt dem hier Gesagten dadurch Rechnung, daß das Kurbelgehäuse als ein vollkommen zylindrisches Rohr mit horizontaler Achse ausgebildet ist, das sich zur Aufnahme von Drehmomenten besonders eignet und das geringste Konstruktionsgewicht ergibt. Die Überleitung des Reaktionsmomentes aus diesem Zylinder in das Flugzeug geschieht durch an den Stirnseiten befindliche Flächen, die so angeordnet sind, daß sie für jede Flugzeugrumpfkonstruktion passen.

8. Gedrungene Bauart des ganzen Motors, d. h. kleinster Durchmesser, namentlich aber geringe Baulänge, sind sehr wünschenswert. Diese Forderung wird nicht nur an den Flugmotorenkonstrukteur gestellt, um viel Nutzraum im Flugzeug zu lassen. Die gedrungene Bauart ergibt auch an sich schon ein geringes Konstruktionsgewicht, weil alle Leitungen, Gestänge etc. erheblich kürzer und daher leichter ausfallen.

Der Flugmotor der vorliegenden Arbeit wird der hier gestellten Forderung gerecht. Trotz seiner 1000 PS hat er eine Länge von nur 1600 mm und einen Durchmesser von 1210 mm.

9. Um ein geringes Konstruktionsgewicht zu erzielen, ist es von großer Bedeutung, daß überall dort, wo große Kräfte auftreten, zu diesen Kräften senkrechte Teilfugen vermieden werden. Dies bedingen Verbindungen (Verschraubungen u. dergl.), die so stark gehalten sein müssen, daß die ganzen Kräfte durch sie hindurchgehen können. Dies bedeutet große Gewichtsverschwendung.

Die aus baulichen Gründen notwendigen Teilungen müssen, namentlich überall dort, wo es sich um große Kräfte handelt, parallel (und nicht senkrecht) zu deren Richtungen gehen.

Diesem Grundsatz wird bei dem Flugmotor dieser Arbeit dadurch entsprochen, daß Gehäuse und Zylinder ungeteilt zu einem einzigen Stück vereinigt sind. Aus diesem Grunde werden die größten, die Explosionsdrücke, und auch die infolge der schräg gerichteten Pleuelstangen auftretenden Reaktionsdrücke, die jeden

Zylinder zu kippen suchen, von gesundem, ungeteiltem Material aufgenommen. Je ein Gehäusering ist mit sieben Zylindern zu einem Zylinderstern zusammengegossen. Er ist mit dem nächsten Zylinderstern durch Schrauben verbunden, die, da die Explosionsspannungen nicht durch sie hindurchgehen, und da die Gehäuse gegeneinander zentriert sind, vollkommen entlastet sind und daher sehr leicht gehalten werden können.

Es sei hier noch an die bei Rotationsmotoren zu überwindenden Schwierigkeiten der Zylinderbefestigungen erinnert, die gleichzeitig den großen auftretenden Fliehkräften und den Explosionsdrücken genügen müssen. Bei der vorliegenden Konstruktion bestehen Fliehkräfte überhaupt nicht, und die Explosionsdrücke gehen nicht durch besondere Verbindungen, sondern durch ungeteiltes Material hindurch.

Die hier erwähnte Tatsache allein bedingt schon bedeutende Gewichtsverminderung.

10. Von besonderer Wichtigkeit ist die Anwendung einfacher Konstruktionsteile. Dies ist für die Gewichtsverminderung viel wesentlicher und ausgiebiger als das Zulassen hoher Materialbeanspruchungen. Besonders charakteristisch für den Begriff „einfache Konstruktionsteile" ist die Steuerung der Ventile, deren vier pro Zylinder vorhanden sind. Man müßte zunächst annehmen, daß die Steuerung von 4×28, d. i. 112 Ventilen eine besondere Komplikation bedeute. In Wirklichkeit ist dies keineswegs der Fall. Durch teleskopartig übereinander geschobene Steuerwellen wird eine sehr übersichtlich und dabei sehr leichte Konstruktion erreicht. Die Betätigung dieser vier Teleskopwellen verschiedener Längen wird durch nur vier Nockenscheiben erreicht. Jede dieser Nockenscheiben bedient einen Zylinderstern, also sieben Zylinder.

Es wird damit auch eine besondere Forderung, die hier noch nicht zur Sprache gekommen ist, erfüllt, darin bestehend, daß ein und derselbe Konstruktionsteil nicht nur einem, sondern einem Mehrfachzweck dient. Diese Forderung ist nicht nur bei den Nocken selbst, sondern auch beim Nockenantrieb erfüllt. Die vier Nockenscheiben, die ein gemeinsames, zentral angeordnetes Ganzes bilden, werden durch ein einziges Übersetzungszahnrad angetrieben.

Die hier ausgesprochene Bedingung des Mehrfachzweckes erfüllt auch der Magnetapparat. Dieser ist ein ganz gewöhnlicher einfacher Hülsen-Magnetapparat, der pro Umdrehung vier Funken gibt. Er läuft 3,5 mal so schnell als die Kurbelwelle und gibt daher bei zwei Umdrehungen der Kurbelwelle 28 Stromstöße. Von einer besonderen Hochspannungsverteilerscheibe im Magnetapparat ist vollkommen Abstand genommen. Die Zündverteilung erfolgt vielmehr in einfachster Weise in einer besonderen, zentral angeordneten, öldichten, an der Vorderseite des Motors befindlichen Kapsel. Der Magnetapparat ist also bestens ausgenutzt, läuft sehr rasch und weist kaum eine Leerstrecke auf.

11. Hoher volumetrischer Wirkungsgrad und Lieferungsgrad sind von großer Bedeutung.

Der volumetrische Wirkungsgrad, der sich aus der Formel $\eta v = \frac{Vo}{Vh}$ errechnet, steigt, wenn Vo groß ist.

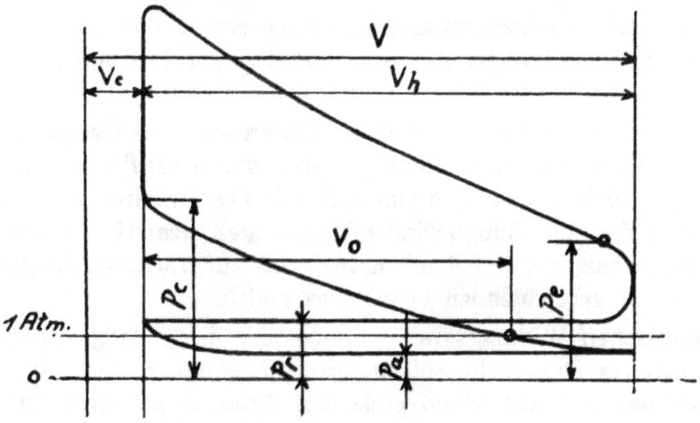

Wie sich aus nebenstehender Figur ergibt, wird Vo groß, wenn Pa groß wird und sich so sehr als irgend möglich der atmosphärischen Linie nähert, d. h., wenn der Unterdruck 1 — Pa so klein wie möglich wird. Erreicht wird dies bei der vorliegenden Konstruktion u. a. dadurch, daß in der Saugleitung jede scharfe Kante vermieden wird. Die Luftwege sind auf das sorgfältigste ausgebildet, und jeder der 28 Zylinder erhält unter gleichen oder nahezu gleichen Bedingungen sein Gasgemisch. In welcher Art dies geschieht, ist in Abschnitt II (Beschreibung des Motors) gesagt.

Durch die große Zahl der Zylinder werden in den Hauptleitungen Gassäulen nahezu konstanter Geschwindigkeit entstehen. Die bei Motoren mit wenigen Zylindern auftretenden, in ihrer Geschwindigkeit Schwankungen unterworfenen Gassäulen, die nicht nur in ihrer absoluten Größe, sondern sogar im Vorzeichen wechseln, sind bei der vorliegenden Konstruktion vermieden. Diese Schwankungen ergeben Störungen in der Beschickung (Ladung) der Zylinder, die einer Beeinträchtigung des volumetrischen Wirkungsgrades gleichkommen.

Der Lieferungsgrad $\eta l = \frac{\text{Ladungsgewicht von Vo}}{\gamma \cdot Vh}$ wird um so größer, je größer das Ladungsgewicht von Vo ist. Es wird um so größer, je kälter das Gemisch ist, bezw. je weniger es vorgewärmt wird.

Die vorliegende Konstruktion sichert ein Minimum an Vorwärmung, da die Saugleitungen kurz sind und die doppelten Saugventile per Zylinder ein rasches Hindurchströmen und daher geringe Vorwärmung ergeben. Die Vorwärmung wird nur so weit getrieben, als unbedingt zur vollkommenen Vergasung des Benzines notwendig ist.

Die sehr günstige Form des Zylinderkopfes, die größtes Volumen bei kleinster Oberfläche ergibt, bewirkt, daß das angesaugte Gemisch auch im Verdichtungsraum sehr wenig vorgewärmt wird.

Eine Verringerung der Anwärmung des angesaugten Gemisches wird auch durch die Wahl von Aluminiumzylindern erreicht. Die Aluminiumwände haben bestes Wärmeleitungsvermögen, und deren Innentemperatur wird daher sicher geringer sein wie bei anderen Materialien. Aus diesem Grunde ist auch die Vorwärmung des zu verdichtenden Gemisches kleiner. Das hier Gesagte ist ausführlicher beim thermischen Wirkungsgrad besprochen.

12. Der thermische Wirkungsgrad $\eta_t = \frac{Q_1 - Q_2}{Q_1}$ oder $\frac{T_1 - T}{T_1}$

Es ist verstanden unter

Q_1 zugeführte WE,
Q_2 wieder nach außen abgeführte WE,
T_1 Temperatur am Anfang der Verbrennung,
T_2 Temperatur am Ende der Verbrennung.

$Q_1 - Q_2$ wird in Arbeit verwandelt. η_t wird groß, wenn $Q_1 - Q_2$ bezw. $T_1 - T_2$ (das Temperaturgefälle) groß sind. Um $Q_1 - Q_2$ bezw. $T_1 - T_2$ groß zu gestalten, muß Q_2 bezw. T_2 klein sein.

Dies wird dadurch erreicht, daß die Auspuffgase, die den Zylinder verlassen, möglichst kalt sind. Dies erfolgt durch eine weit getriebene Ausdehnung der Verbrennungsgase. Diese ist ohne Beeinträchtigung des folgenden Saughubes durch Anwendung zweier, sehr großer Auspuffventile per Zylinder und durch das Vorhandensein kurzer und weiter Auspuffleitungen möglich.

Q_2 bezw. T_2 werden auch um so kleiner, je besser die Verbrennung ist. Dies wird durch ein möglichst vollkommenes Diagramm erreicht, das beim Arbeitshub eine sehr hohe Anfangsspannung hat. Diese darf erfahrungsgemäß bei Schnelläufern (und dies ist der vorliegende Motor mit seinen 2000 Touren) viel höher sein als bei langsam laufenden Motoren.

Man erhält die hohe Anfangspannung durch hohe Verdichtung und Zünden an zwei einander genau gegenüberliegenden Stellen des Verbrennungsraumes durch zwei voneinander unabhängige Zündkerzen per Zylinder, wodurch eine sehr rasche Verbrennung des Gasgemisches gesichert ist.

Die hohe Anfangsspannung wird ferner durch ein sehr vollkommenes Gasgemisch erzielt, das durch die konstant wirkenden Injektordüsen der zwei Pallas-Vergaser in richtiger Zusammensetzung geliefert und durch die doppelten Saugventile gut nachgemischt wird.

Die hohe Verdichtung wird auch noch besonders dadurch begünstigt, daß die Erwärmung des Gemisches während des Verdichtungshubes relativ sehr klein ist. Dies wird, wie bereits erwähnt, durch die Aluminiumzylinder bewirkt. Das Aluminium ist ein sehr guter Wärmeleiter. Die in ihm während des Arbeits- und des Ausstoßhubes aufgespeicherte Wärme wird rasch durch die Aluminiumzylinder-Wandungen dem Kühlwasser zugeführt und wird nicht wie bei Zylinderwandungen aus weniger gut leitendem Material zu Wärmestauungen führen. Diese kommen einer scharfen Erwärmung des zu verdichtenden Gemisches gleich.

Von besonderer Bedeutung für einen guten thermischen Wirkungsgrad ist auch hier die günstige Form des Verdichtungsraumes. Das Verhältnis von Volumen zur Oberfläche soll so groß als möglich sein. Dies ist der Fall, da der Verdichtungsraum keinerlei Ausbauten hat und einen einfachen Zylinder mit oben abgerundeten Ecken bildet. Dadurch wird relativ wenig Wärme an die Zylinderwandungen und von diesen wieder an das Kühlwasser abgegeben; d. h. ein verhältnismäßig sehr hoher Teil bleibt im Gasgemisch bezw. wird in Arbeit umgesetzt, was einen sehr guten thermischen Wirkungsgrad sichert.

Es soll bei der praktischen Ausführung dieses Motors versucht werden, die Verdichtung soweit als irgend möglich, vielleicht sogar bis auf 10 Atmosphären, zu treiben.

13. Der mechanische Wirkungsgrad ηm ist eine vielfach stiefmütterlich behandelte Größe.

$$\eta m = \frac{Ni - Nr}{Ni} = \frac{Ne}{Ni} \text{ oder } = \frac{pi - pr}{pi}$$

Dabei ist

- Ni indizierte Arbeit,
- Nr Reibungsarbeit + Ansaug- und Ausschubarbeit,
- Ne effektive (nutzbringende) Arbeit = Ni — Nr,
- pi mittlerer indizierter Kolbendruck pro Flächeneinheit,
- pr mittlerer durch Reibung etc. verlorener Kolbendruck pro Flächeneinheit.

Der mechanische Wirkungsgrad wird groß werden, wenn Nr bezw. pr klein sind. Dieser Bedingung muß jeder moderne Flugmotor in weitgehendstem Maße entsprechen.

Dieser Forderung wird namentlich dadurch Rechnung getragen, daß die Kurbelwelle fast niemals gleichzeitig nur von einer Seite besonders große Drücke empfängt. Es ist vielmehr Vorsorge getroffen, daß namentlich in den Kurbel- und Wellenzapfenlagern entgegengesetzt gerichtete Kräfte auftreten, die sich zum Teil aufheben, zum Teil Drehmomente bilden.

Es sei hier auch der Zeichnungen Nr. 16, 17, 18 und 19 gedacht, in denen in übersichtlicher Weise das die Kurbelwelle besonders entlastende Kräftespiel dargestellt ist. Auch auf die zugehörigen Beschreibungen wird verwiesen.

Das nächst dem Propeller und Übersetzungsgetriebe vorgesehene Lager, durch das sämtliche Kräfte und Momente hindurchgehen, ist als frei einstellbares Kugellager ausgebildet. Dies bedeutet ebenfalls eine Verbesserung des mechanischen Wirkungsgrades.

Das gleiche gilt von dem Übersetzungsgetriebe. In diesem sind die Hauptkräfte zu Kräftepaaren zusammengesetzt, die Momente ergeben.

Für eine geringe Reibung in sämtlichen bewegten Teilen, die gleichbedeutend mit einer Steigerung des mechanischen Wirkungsgrades ist, wird dadurch Sorge getragen, daß eine sorgfältige Ölung vorgesehen ist.

Das hochbeanspruchte mittlere Kurbellager wird, um die Reibung zu vermindern, durch das einströmende kalte Gasgemisch gekühlt. Dadurch ist in dieser Hauptlagerstelle auch eine erheblich größere spezifische Reibungsarbeit zulässig. (Vergl. Abschnitt II, Beschreibung des Motors, Zwischenteil des Kurbelgehäuses, S. 10.) Das Kurbelgehäuse ist, um die Reibungsarbeit klein zu halten, sorgfältig gekühlt. Es geschieht dies durch die in Zeichnung 1, 2, 4 und 7 dargestellte Entlüftung.

14. Aus den vorgenannten Umständen ergibt sich zwangläufig ein guter Gesamtwirkungsgrad. Das heißt, die Leistung ist bei gegebenem Konstruktionsgewicht sehr groß. Außerdem wird ein geringer, absoluter und relativer Benzinverbrauch erzielt werden, das Betriebsgewicht wird also klein sein. Dies ist namentlich bei langen Flügen von großer Bedeutung.

15. Notwendig ist auch geringer Ölverbrauch. Dieser wird dadurch erreicht, daß eine sorgfältig durchkonstruierte Zirkulationsölung angewendet wird. Jeder Tropfen Öl, der sich im Kurbelgehäuse sammelt, wird durch eine besondere Pumpe angesaugt und dem Motor wieder zugeführt.

Ölverluste durch wegspritzendes Öl, wie bei Rotationsmotoren, sind hier nicht möglich. Jeder Zylinder erhält nur so viel Öl, als er benötigt, und keinen Überschuß, wie solcher bei Tauchölungen üblich ist.

Die Verwendungseigenschaft des Öles wird dadurch gefördert, daß es gut gekühlt wird, wodurch seine Viskosität eine Steigerung erfährt.

16. Die Anwendung geringster Wassermengen ist eine Voraussetzung für ein geringes Gesamtkonstruktionsgewicht. Um sie zu erreichen, müssen kurze Wasserwege vorgesehen sein, und außerdem muß das Wasser, da die Wärmeabführung bis zu gewissem Grade mit der Wassergeschwindigkeit zunimmt, entsprechend schnell zirkulieren.

Auch die Wahl von Material mit gutem Wärmeleitungsvermögen ist von besonderer Bedeutung, um die in den Zylinderwandungen aufgespeicherten Wärmemengen rasch an das Kühlwasser überzuleiten. Es geschieht dies durch Anwendung eines Aluminiumkühlers und, wie bereits erwähnt, durch Aluminiumzylinder.

17. Sehr wesentlich für die Gewichtsverminderung ist auch die Anwendung von besonders leichtem Material für die Zylinder und Kolben.

Die bisher gebräuchlichste Art war, Stahlzylinder anzuwenden und in ihnen einen Aluminiumkolben laufen zu lassen. Diese Methode hat sich nach Überwindung der Kinderkrankheiten als gut erwiesen, krankt aber noch daran, daß das Gewicht der Zylinder sehr groß ist. Von Vorteil ist aber, daß die hin- und hergehenden Massen des Kolbens geringes Gewicht haben, wodurch, wie bekannt, ruhiger Gang des Motors erzielt wird.

Um die hohen Zylindergewichte herabzusetzen, hat man Aluminiumzylinder, in denen Stahlbüchsen eingezogen werden, verwendet, in denen der Aluminiumkolben lief. Auch diese Methode hat sich gut bewährt.

Es ist jedoch auch hier das Mehrgewicht der eingezogenen Stahlrohre zu beanstanden. Ferner haftet dieser Methode der Übelstand an, daß die durch die Zylinderwandungen an das Kühlwasser abzuführende Wärmemenge nicht nur durch das Stahlrohr, sondern auch durch die zwischen Stahlrohr und Aluminiumzylinder befindliche Übergangsstelle und auch durch den Aluminiumzylinder selbst (also einen sehr umständlichen und verlängerten Weg) zu wandern hat, weshalb die Kühlung hier mangelhaft ist.

Erwähnt soll hier auch werden, daß die Stahlbüchse einen anderen Wärme-Ausdehnungs-Quotienten als der Aluminiumzylinder hat, sodaß entweder im Kälte- oder Wärmezustand des Zylinderagregates Lockerungen bezw. Pressungen der Stahlbüchse eintreten werden, die beide schädlich sind.

Da die beiden hier angeführten Beispiele jedenfalls unzweifelhaft bewiesen haben, daß Aluminium und Stahl gut zusammen arbeiten, wird bei der vorliegenden Konstruktion zu einer ganz durchgreifenden Gewichtsverminderung dadurch geschritten, daß die Motorenzylinder selbst, die das Hauptkonstruktionsgewicht des ganzen Motors bilden, aus Aluminium gebaut werden. Die Kolben werden, um die zwischen Aluminium und Stahl bewährten Reibungsverhältnisse wiederherzustellen, an den Gleitstellen mit einer Stahlhaut versehen. Der Kern des Kolbens, also sein wesentlichster und schwerster Bestandteil, bleibt aus Aluminium.

Durch diese Anordnung wird sehr viel erreicht. Zunächst die durch die Umwandlung der Stahl- in Aluminiumzylinder direkt bewirkte, ganz bedeutende Herabsetzung des Konstruktionsgewichtes. Gleichzeitig damit kommt aber, wie bereits früher erwähnt, jede Teilung zwischen den Aluminiumzylindern und dem Aluminium-Kurbelgehäuse in Fortfall, was eine weitere große Gewichtsverminderung ergibt.

Der Bedingung, die hin- und hergehenden Massen recht leicht zu gestalten, entspricht der Stahl-Aluminiumkolben ebenfalls, da seine an den Reibungsstellen vorhandene Stahlhaut nicht sehr ins Gewicht fällt.

Bei den beiden vorher angeführten Fällen, in denen ein Aluminiumkolben auf einem Stahlzylinder läuft, und in denen unzweifelhaft bewiesen ist, daß Aluminium auf Stahl geringe Reibungsarbeit ergibt, besteht aber, abgesehen von den übrigen bereits zur Sprache gebrachten Nachteilen, noch der Übelstand, daß das weichere Material, der Aluminiumkolben, auf seiner ganzen Länge und während des ganzen Kolbenweges andauernd, der längere Stahlzylinder aber nicht auf seiner ganzen Länge und nicht andauernd, sondern nur an den Kolbenberührungsstellen Drücken ausgesetzt ist. Das ist eine Benachteiligung des an und für sich weicheren und daher schonungsbedürftigeren Aluminiumkolbens zugunsten des widerstandsfähigeren und daher zweckmäßigerweise mehr zu beanspruchenden Stahlzylinders.

Bei der vorliegenden Konstruktion ist diesem Übelstand vollkommen Rechnung getragen. Der Druck konzentriert sich beim Kolben auf einer kleineren Fläche als beim Zylinder, daher das härtere Material für den Kolben, das weichere für den Zylinder angemessen ist.

Ein besonderes Moment verdient hier hervorgehoben zu werden. Es besteht darin, daß der Aluminiumzylinder an den Laufstellen veredelt ist.

Bei den Stahlqualitäten ist die Veredelung seit vielen Jahren gang und gäbe; sie geschieht nicht nur durch chemische Verfahren (wie bei den Nickel-, Chrom-, Manganstählen etc.), sondern auch durch mechanische Verfahren, durch Walzen, Hämmern und Verdichten etc. Die technologische Behandlung des Aluminiums steckt bisher in chemischer und namentlich in mechanischer Beziehung in den Kinderschuhen. Auf diesem Gebiet kann noch sehr viel geschehen; denn das Zusetzen von ein wenig Kupfer zur Erreichung besseren Gusses kann eigentlich nur als Anfang einer Serie von Veredelungsverfahren betrachtet werden. Das Manganaluminium (Magnalium) und das Duraluminium, das von Zeppelin für seine Luftschiffe angewendet wird, sind beachtenswerte Anfänge, aber auch nicht mehr. Das Duraluminium z. B. ist bekanntlich bei verschiedenen Temperaturen noch so unzuverlässig und für Gußzwecke noch so ungeeignet, daß eine ausgedehntere Verwendung zunächst nicht in Frage kommt.

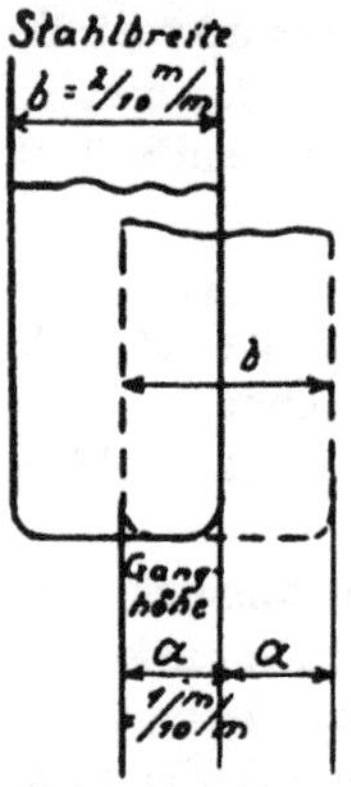

Bei der vorliegenden Konstruktion wird der Aluminiumzylinder an der Lauffläche einem Verdichtungsprozeß unterworfen. Es geschieht dies dadurch, daß schraubengangartig ein stumpfer, sehr schmaler Stahl durch den Zylinder hindurchbewegt wird. Die Steigung beträgt ungefähr $^1/_{10}$ mm und die Breite des Stahls (wie nebenstehende Skizze in vielfacher Vergrößerung zeigt) $^2/_{10}$ mm. Durch dieses schraubenförmige Verdichten schmalster Stellen wird es möglich gemacht, den spezifischen Flächendruck sehr hoch zu gestalten, ohne daß der absolute Druck auf die Zylinderwandungen groß wird. Wenn auf einen

Zentimeter Breite eines Flächenstreifens ein absoluter Druck von etwa 1000 kg entfiele, würde er einen normalen Motorenzylinder aus Aluminium sicherlich zum Platzen bringen. Auf einen $^1/_{10}$ mm breiten Flächenstreifen entfällt aber nur der 100. Teil des Gesamtdruckes, d. i. 10 kg Druck. Diese können vom Aluminiumzylinder spielend aufgenommen werden. Das stumpfe und sehr schmale, schraubenförmig bewegte Werkzeug gibt also relativ sehr hohe Drücke, die örtliche Oberflächenverdichtungen erzeugen, bei gleichzeitig absolut sehr kleinen Pressungen, die dünnste Zylinderwandungen gestatten, ohne deren Aufplatzen befürchten zu lassen.

Es sei hier bemerkt, daß der Konstrukteur dieses Flugmotors sich unabhängig von dem eben erwähnten mechanischen Veredelungsverfahren mit der Frage der chemischen Veredelung durch Legierung und Vergütung befaßt. Die Ergebnisse dieser Arbeiten brauchen aber bei der Anwendung des Aluminiumzylinders für Flugmotoren nicht abgewartet zu werden da selbst ohne die hier beschriebene, bereits erprobte mechanische Verdichtung der Arbeitsfläche des Aluminiumzylinders schon bewiesen ist, daß selbst normaler Handelsaluminiumguß mit Stahl beste Arbeit leistet.

IV. Berechnungen der Kurbelwelle

(nach einem neuen graphischen Verfahren unter Zugrundelegung von Sonderdiagrammen).

Bemerkungen zu Zeichnung Nr. 12

(Indikatordiagramme eines Sternes).

Diese Zeichnung stellt die schematische maßstäbliche Aufzeichnung des Kurbelzapfenweges und der Kolbenwege (2r = S = 140 mm) eines einzigen Sternes dar.

Die Pleuelstangenlängen sind in natürlicher Größe dargestellt (270 mm).

Über jedem Kolbenweg ist das Arbeitsdiagramm aufgezeichnet (1 kg = 5 mm).

Der Kurbelzapfenweg ist für 720°, d. i. für zwei Umdrehungen, dargestellt. Die erste Umdrehung ist schwarz, die zweite Umdrehung in einer parallelen Linie rot gezeichnet.

Die 7 Zylinder eines Sternes sind fortlaufend mit den Nummern I bis VII bezeichnet. Die Drehrichtung der Kurbel entspricht der Zunahme der Nummern.

Die Zündreihenfolge je eines Sternes ist I, III, V, VII, II, IV, VI, I usw.

Jeder Kurbelzapfenkreis ist in 14 gleiche Teile geteilt.

Die 14 Teile des ersten, des schwarzen Kurbelzapfenkreises, tragen fortlaufend die Nummern: 1, 1, 2, 2', 3, 3', 4, 4', 5, 5', 6, 6', 7, 7'; die 14 Teile des zweiten, des roten Kurbelzapfenkreises, tragen die Nummern: 8, 8', 9, 9', 10, 10', 11, 11', 12, 12', 13, 13', 14, 14'. Daraus ergibt sich, daß die sich abdeckenden Stellungen des ersten und des zweiten Kurbelzapfenkreises, die gleichen Kolbenstellungen entsprechen, dadurch zu erhalten sind, daß zur ersten Nummer die Zahl 7 hinzuaddiert wird.

z. B. erste Kurbelzapfenstellung 2
zweite (rote) „ 2 + 7 = 9 oder
z. B. erste Kurbelzapfenstellung 6'
zweite (rote) „ 6' + 7 = 13'

Im Arbeitsdiagramm jedes Zylinders sind alle Indikatorlinien, die sich auf den ersten Kurbelzapfenumlauf beziehen, ebenso wie dieser, schwarz ausgezogen. Jene Linien des Arbeitsdiagrammes, die sich auf den zweiten Kurbelzapfenumlauf beziehen, sind, ebenso wie dieser, rot ausgezogen.

Die den einzelnen 28 Punkten 1—14' des ersten und zweiten Kurbelzapfenumlaufes entsprechenden Punkte der 7 Arbeitsdiagramme des Zylindersternes sind mit gleichen Ziffern bezeichnet.

Dadurch ist die Möglichkeit, klare Einsicht über die gleichzeitigen Vorgänge in den 7 Zylindern zu erlangen, gegeben, da die jeweils 7 gleichzeitigen, aber ungleichartigen Kolbenstellungen in den 7 verschiedenen Zylindern samt ihrer zugehörigen Kurbelstellung ein und dieselbe Nummer tragen.

Um ein Beispiel herauszugreifen:

Es gehören zur Kurbelstellung 1 sieben verschiedene Kolbenstellungen, die alle in gleicher Weise mit 1 bezeichnet sind. Dadurch ist ohne weiteres aus den Diagrammen herauszulesen, daß der Kurbelstellung 1 im Zylinder

I die obere Totstellung des Kolbens,
II eine Stelle im Verdichtungshub,
III „ „ „ Ausschubhub,
IV „ „ kurz nach Beginn des Verdichtungshubes,
V „ „ „ vor Ende des Arbeitshubes,
VI „ „ des Saughubes,
VII „ „ „ Arbeitshubes

entspricht.

Mit anderen Worten: bei der hier angegebenen Darstellungsmethode ist die jeder Kurbelstellung entsprechende Stellung der 7 Kolben und ihrer jeweiligen Arbeitsweise dadurch zu finden, daß die gleiche Ziffer, die bei der in Frage kommenden Kurbelwellenstellung steht, in den 7 Arbeitsdiagrammen aufgesucht wird (wobei nicht vergessen werden darf, daß der erste, schwarz gezeichnete Umlauf die äußeren Ziffern und der zweite, rot gezeichnete Umlauf die inneren Ziffern trägt). Daß die dem zweiten Kurbelumlauf entsprechenden Indikatorlinien der Arbeitsdiagramme rot gezeichnet sind, ist eigentlich nicht nötig, da die Ziffern allein das Auffinden der entsprechenden Kolbenstellungen und Arbeitsvorgänge ermöglichen würden. Nur im Interesse eines besseren Überblickes sind die dem zweiten Kurbelwellenumlauf entsprechenden Linien der Arbeitsdiagramme in rot gezeichnet.

In diesen Arbeitsdiagrammen ist die Richtung des Kräfteverlaufes jedes der vier Hübe durch einen Pfeil dargestellt. Diesem Pfeil ist ein Buchstabe beigefügt, und zwar:

S für Saughub,
V „ Verdichtungshub,
A „ Arbeitshub,
Au „ Ausschubhub.

Bei den folgenden Kräftezusammensetzungen ist der Saug- und Ausschubhub vernachlässigt worden, da die bei ihnen in Betracht kommenden Kräfte sehr klein sind. Es ist nur der Verdichtungs- und der Arbeitshub verwertet worden.

Um bei der Rechnung Vorsicht walten zu lassen, ist ein Idealdiagramm angenommen, das seine größte Erhebung im Totpunkt hat. Dies ergibt, wie bekannt, stärkere Beanspruchungen der Kurbel, die in Wirklichkeit nicht eintreten werden. Die höchste indizierte Spannung wird tatsächlich bei rasch laufenden Motoren, in denen das Verhältnis von Kolbengeschwindigkeit zur Brenngeschwindigkeit des Gasgemisches ein großes ist, nicht im Totpunkt, sondern erheblich später eintreten. Die in vorliegendem Diagramm angenommene Höchstspannung wird überhaupt gar nicht erreicht, und die gewählte Annahme stellt also eine Sicherheitsreserve für das gesamte Laufwerk dar.

Diese erfährt eine weitere Steigerung dadurch, daß die durch die bewegten hin- und hergehenden Massen entstehenden Beschleunigungs- und Verzögerungsdrücke, die einer erheblichen Verminderung der größten Druckspannungen beim Arbeitshub gleichkommen, nicht in Betracht gezogen sind.

Bemerkungen zu Zeichnung Nr. 13.

Diese Zeichnung bezweckt, eine Nachprüfung über die in je einem Zylinderstern gleichzeitig auftretenden Kräfte zu ermöglichen.

Der Kurbelzapfenweg ist ebenso wie in Zeichnung Nr. 12 in Naturgröße aufgezeichnet.

Die erste und zweite Umdrehung sind in dieser Zeichnung zusammenfallend dargestellt und sind nicht durch Farben unterschieden.

Jeder der beiden Kurbelzapfenkreise ist wieder in 14 Teile geteilt.

Neu in dieser Figur ist, daß das Arbeitsdiagramm jedes Zylinders nicht über dem zugehörigen Kolbenweg gezeichnet ist, sondern daß die diesem Diagramm entsprechenden Kräfte vom Kurbelkreis beginnend auf jenen radialen Linien aufgetragen sind, die durch die zugehörigen Kurbelstellungen gelegt sind.

Um eine Häufung von Linien zu vermeiden, ist dabei der Vorgang gewählt, daß die dem Arbeitshub entsprechenden Kräfte vom Kurbelkreis nach außen und die dem Verdichtungshub entsprechenden Kräfte vom Kurbelkreis nach innen aufgetragen sind. Damit soll nicht zum Ausdruck gebracht werden, daß die Richtung dieser Kräfte einander entgegengesetzt ist.

Es ist wieder der Weg gewählt, daß die Drücke des Arbeitsdiagrammes, die dem ersten Umlauf entsprechen, in schwarz und die Drücke, die dem zweiten Umlauf entsprechen, in rot dadurch hervorgehoben werden, daß die Begrenzungslinien dieser strahlenförmigen Kräfte sowohl für den Arbeitshub als auch für den Verdichtungshub schwarz bezw. rot ausgeführt sind, je nachdem sie dem ersten oder dem zweiten Umlauf entsprechen.

Im übrigen sind in Zeichnung Nr. 13 die gleichen Ziffern 1, 1' bis 14, 14' wie in Zeichnung Nr. 12 gewählt, wodurch ohne weiteres jede Kraft der Figur 12 in Figur 13 aufgefunden werden kann.

Die Zeichnung Nr. 13 gibt ein einfaches Schaubild, denn man findet die gleichzeitig in jeder Kurbelstellung eines Sternes auftretenden Kräfte in dem durch diese Kurbelstellung hindurchgehenden, verlängerten Radius vereint. Die gleichzeitigen Kräfte ergeben sich einfach als Schnitt des Radius mit den verschiedenen Kurven. Dabei ist zu beachten, daß tatsächlich nur je die schwarzen und die roten Schnittpunkte maßgebend für die gleichzeitig auftretenden Kräfte sind.

Diese Figur ermöglicht auch eine Nachprüfung für die folgende Zeichnung Nr. 14.

Bemerkungen zu Zeichnung Nr. 14.

Die Zeichnung Nr. 14 dient dem Zweck, die in jeder einzelnen Kurbelstellung gleichzeitig auftretenden Kräfte der 7 Zylinder eines Sternes zusammenzusetzen.

Auch hier ist der Kurbelkreis maßstäblich aufgezeichnet und mit den gleichen 28 Nummern 1 bis 14′ versehen, wobei 1 bis 7′ die Stellungen während der ersten und 8 bis 14′ die der zweiten Umdrehung bedeuten.

In jedem Punkt des Kurbelwellenkreises sind die aus Zeichnung Nr. 12 bezw. Zeichnung Nr. 13 der Größe und Richtung nach sich ergebenden Kolbendrücke der Reihe nach zusammengefügt. Es ist selbstverständlich, daß die Richtung der Kräfte parallel zu den jeweiligen Zylinderachsen verläuft und dementsprechend im Diagramm aufgetragen ist. Die Verbindung jedes Beginnes der ersten Kraft mit dem Endpunkt der letzten Kraft ergibt die in der betreffenden Kurbelwellenstellung auftretende Resultante.

In dem Innendiagramm ist bei der Zusammensetzung der gleichzeitigen Kräfte jedes Zylinders der Vorgang gewählt, daß jede dieser Kräfte mit einer römischen Ziffer und einem Buchstaben versehen ist. Die römische Ziffer bedeutet die Nummer des Zylinders, in dem die Kraftäußerung stattfindet, und der dazugehörige Buchstabe die Art des betreffenden Hubes des Arbeitsdiagrammes.

Zum Beispiel VI: A heißt: Kraft im VI. Zylinder während des Arbeitshubes.

Um eine Überlastung der Zeichnung zu vermeiden und ihre Übersichtlichkeit nicht zu gefährden, ist dabei der Weg gewählt, daß die vorerwähnten Resultanten in dem Innenteil der Zeichnung nicht eingetragen sind. Es ist vielmehr dem Kurbelkreis ($2r = 140$ mm) ein zweiter, konzentrischer hinzugefügt, der einen dreimal so großen Radius hat. Die Resultanten sind dann, von den jeweiligen Schnittpunkten der Radien mit dem dreimal so großen Kurbelkreis ausgehend, der Größe und Richtung nach aufgetragen.

Es ist selbstverständlich, daß der zu jeder Kraft zugehörige Kräftearm in Wirklichkeit nur $^1/_3$ der Größe beträgt, wie er sich maßstäblich bei den Resultanten darstellt, die von dem dreimal so großen Kreis ihren Ausgang nehmen. In den Kurbelwellenberechnungen wird darauf Rücksicht genommen.

Auch hier ist wieder der Vorgang gewählt, daß zur Unterscheidung der Resultanten, die der ersten und jener die der zweiten Kurbelwellenumdrehung entsprechen, die ersteren schwarz und die letzteren rot gezeichnet sind. Die Endpunkte dieser Resultanten sind durch eine strichlierte Linie verbunden, die überall dort, wo schwarze Resultanten vorhanden sind, in schwarz, und wo rote sind, in rot ausgeführt ist. Dadurch ergibt sich ein deutliches Schaubild des Kräfteverlaufes in der Kurbel.

Es zeigt sich, daß sämtliche auftretenden Resultanten nach innen, zum Wellenmittel zu, gerichtet sind. In keinem einzigen Fall treten Resultanten auf, die entgegengesetzte Richtung haben. Die Kräfte gehen wohl nicht direkt durch die Mittellinie der Kurbelwelle hindurch, sondern zeigen Abweichungen und Schwankungen. Sie sind aber niemals so groß, daß sich das Vorzeichen der Kräfte ändert. Um es anders und anschaulicher auszudrücken, sei hier gesagt, daß die Resultanten, die in den einzelnen aufeinanderfolgenden Kurbelstellungen auftreten, in ihrer Größe und Richtung schwanken, aber stets nach innen gerichtet bleiben.

Die Kräfte laufen gleichzeitig und mit gleicher Tourenzahl wie die Kurbel um, und ihre Winkelabweichungen vom Radius sind einer, während zweier Kurbelumdrehungen in vollständiger Regelmäßigkeit siebenmal sich wiederholenden, ganz gleichen Gesetzmäßigkeit unterworfen. Es verdient auch hervorgehoben zu werden, daß die Kräfte nicht nur nicht entgegengesetztes Vorzeichen erreichen. sondern daß sie auch nicht an einer einzigen Stelle auf Null herabsinken.

Bemerkungen zu Zeichnung Nr. 15.

Das Vorerwähnte ist in dieser Figur noch deutlicher zum Ausdruck gebracht. Die Resultanten sind nicht der Größe und Richtung nach von verschiedenen Punkten eines Kreises, sondern von einem einzigen Punkt, der sinnbildlich der Kurbelwellenachse entsprechen könnte, aufgetragen. Die Reihenfolge dieser Resultanten ist gleich wie in Zeichnung Nr. 14, was aus der Bezeichnung und der Farbe hervorgeht. Die Endpunkte der Resultanten sind wieder durch eine schwarz bezw. rot strichlierte Linie miteinander verbunden. Um diese Verbindungslinie möglichst genau zu erhalten, sind noch eine Reihe von Zwischenpunkten untersucht worden, die aber in der vorliegenden Zeichnung (um die Übersichtlichkeit zu erhalten) nicht eingetragen sind.

Es ergibt sich ein sehr regelmäßiges Gebilde, und zwar ein Dreieinhalbstern, der sich durch zweimaliges Umlaufen zu einem Siebenstern ergänzt. Auch er zeigt, und zwar noch deutlicher als in Zeichnung Nr. 14, daß die Resultanten der Größe und Richtung nach schwanken, aber niemals Null werden oder gar das Vorzeichen ändern. Der Mittelpunkt 0 wird an keiner Stelle auch nur annähernd erreicht. Schon der äußerliche

Anblick dieses Siebensternes verrät durch seinen regelmäßigen Bau eine sehr gleichartige Beanspruchung der Kurbel- und Wellenzapfen.

In Abschnitt III Punkt 2 wird diese sehr günstige Erscheinung der vorliegenden Konstruktion in Bezug auf die nach der Wöhlerschen Theorie zulässigen, erhöhten Materialbeanspruchungen hervorgehoben.

Bemerkungen zu Zeichnung Nr. 16.

Aus der Zeichnung Nr. 14 sind die Zeichnungen Nr. 16, 17, 18 und 19 abgeleitet, die die Kräfte, die in dem Kurbelzapfen jedes vierten, dritten, zweiten und ersten Zylindersternes auftreten, enthalten. Der von dem Propeller am weitesten entfernt liegende Zylinderstern wird mit vier und die folgenden mit drei, zwei und eins bezeichnet.

Den Anfangsstellungen in diesen 4 Kräfteplänen (Zeichn. 16—19) ist die Zündreihenfolge (Zeichn. 11, Fig. 5) zugrunde gelegt. Da im vierten Stern der zweite Zylinder zuerst zündet, sind in Zeichn. 16 aus Zeichn. 14 Resultanten, wie sie in den verschiedenen Kurbelstellungen des vierten Zylindersternes auftreten, beginnend mit der Kurbelstellung, die mit II (zweiter Zylinder) bezeichnet ist, aufgetragen.

Wiederholungen zu vermeiden, sind nur Resultanten jener Kurbelstellungen aufgenommen, die verschiedene Größe und Richtung aufweisen. Andere Resultanten sind fortgelassen.

In Zeichn. Nr. 16 gibt es fünf verschiedene derartiger Kurbelstellungen, deren Resultanten mit Z_{a_4}, Z_{b_4}, Z_{c_4}, Z_{d_4} und Z_{e_4} bezeichnet sind. Die Resultante Z_{f_4} ist schon wieder gleich Z_{a_4} und stellt den Beginn einer gleichartigen Reihe von Resultanten dar.

Um die gerade zwischen den Resultanten a und c sehr wichtige Beanspruchung der Kurbel klarzulegen, ist noch eine Zwischenresultante Z_{b_4} ermittelt worden.

Jede Resultante erhält eine Bezeichnung (mit arabischen Ziffern), aus der ersichtlich ist, welchem Stern sie angehört. Dies ist bei der vierten Kurbel noch nicht von Wesenheit, da für die Beanspruchung der Kurbel hier nur ein Stern, der vierte Stern, in Betracht kommt. Nur der Gleichartigkeit halber ist trotzdem auch in dieser Zeichnung die bei den folgenden notwendige Bezeichnung beibehalten worden.

Auf jede Resultante ist eine Senkrechte gezogen, wodurch der zugehörige Hebelarm festgelegt ist. Bei den Resultanten, die von dem dreimal so großen Kreis ausgehen, ist dieser Hebelarm dreimal zu groß und darum durch 3 geteilt.

Um recht anschaulich zu werden, sind die Resultanten auch an den entsprechenden Stellen des inneren, naturgroßen Kurbelkreises aufgetragen.

Für die Kurbelwellenberechnung ist jede Resultante in eine Tangentialkraft und in eine Radialkraft zerlegt, wodurch die Resultanten, die (wie vorerwähnt) mit Z_{a_4}, Z_{b_4}, Z_{c_4}, Z_{d_4} und Z_{e_4} bezeichnet sind

in die Tangentialkräfte T_{a_4}, T_{b_4}, T_{c_4}, T_{d_4}, T_{e_4} und
in die Radialkräfte R_{a_4}, R_{b_4}, R_{c_4}, R_{d_4}, R_{e_4}

zerfallen.

Die Resultanten, die Tangential- und Radialkräfte werden zur Errechnung der verschiedenen Kurbelwellenbeanspruchungen verwertet und sind in besonderen Tafeln, die die Aufschrift

„Zusammenstellung der Kurbelwellenberechnungen
(Kurbelzapfen und Wellenzapfen)
in bezug auf k_b, k_d, k_i "

und

„Zusammenstellung der Kurbelwellenberechnungen
(Kurbelarme)
in bezug auf k_{b1}, k_{b2}, k_d, k_{bid}, k und k_i "

tragen, rechnerisch ausgewertet.

Bemerkungen zu Zeichnung Nr. 17.

In dieser Zeichnung sind die Kräfte, die in dem Kurbel- und Wellenzapfen des dritten und vierten Zylindersternes vorhanden sind, eingetragen. Die des vierten ebenfalls, da auch sie durch Kurbel- und Wellenzapfen des dritten Zylindersternes hindurch in der Richtung zum Propeller ihren Weg nehmen. Auch in Zeichn. Nr. 17 sind, um Wiederholungen zu vermeiden, nur jene Kurbelstellungen aufgenommen, die Resultanten verschiedener Größe und Richtung aufweisen. Es sind (wie in Zeichn. Nr. 16) vier verschiedene derartige Kurbelstellungen, deren Bezeichnungen ebenfalls entsprechend der Zeichn. Nr. 16 gewählt sind. Die Zwischenkurbelstellung, die zwischen a und c liegt und mit b bezeichnet wurde, ist in der Zahl vier nicht mitgerechnet.

Bezüglich der Resultanten,
der Hebelarme zu jeder Resultante,
der Zerlegung der Resultanten in eine Tangentialkraft und eine Radialkraft und deren Bezeichnung, sowie bezüglich
der rechnerischen Verwertung der so erhaltenen Komponenten
gilt das bei Zeichn. Nr. 16 Gesagte.

Neu in Zeichn. Nr. 17 ist nur die gegenseitige Beziehung zwischen den Resultanten des Zylindersternes drei und den vorhergehenden des Zylindersternes vier. Da die bezüglichen Kurbeln unter 180° stehen, ist die Möglichkeit ohne weiteres gegeben, aus Zeichn. Nr. 14 die zusammengehörigen Resultanten zu entnehmen. Es ist nur notwendig, die an einander gegenüberliegenden Punkten angreifenden Resultanten zu erfassen. Je zwei solcher Resultanten wirken zusammen. Dabei ist zu beachten, daß, wie die Zündreihenfolge (Zeichn. 11, Fig. 4 und 5) leicht ergibt, eine schwarz dargestellte, dem ersten Kurbelumlauf entsprechende Resultante des vierten Zylindersternes gleichzeitig mit einer rot gezeichneten, dem um 180° verdrehten Kurbelumlauf entsprechenden, Resultante des dritten Zylindersternes zusammenwirkt. Daher müssen diese beiden Resultanten zusammengefaßt werden.

Natürlich müssen auch bei der Kurbelwellenberechnung je zwei einander gegenüberliegende Resultanten bezw. deren Radial- und Tangentialkomponenten herangezogen werden.

Bemerkungen zu Zeichnung Nr. 18.

In dieser Zeichnung sind die Kräfte, die im Kurbel- und Wellenzapfen des zweiten Zylindersternes auftreten, enthalten. Außerdem sind in dieser Zeichnung auch die Kräfte, die auf den Kurbel- und Wellenzapfen des dritten und vierten Zylinders wirken, eingetragen, da auch diese Kräfte durch Kurbel- und Wellenzapfen des zweiten Zylindersternes hindurch in der Richtung zum Propeller verlaufen.

Auch in Zeichnung Nr. 18 sind nur die Resultanten verschiedener Größe und Richtung aufgenommen. Es sind dies (gleichwie in Zeichnung Nr. 16 und 17) vier verschiedenartige Kurbelstellungen (wobei die Zwischenkurbelstellung, die zwischen den Resultanten a und c liegt und als Resultante b bezeichnet wurde, nicht mitgezählt ist).

Im übrigen gilt sinngemäß das zu Zeichnung Nr. 16 und 17 Gesagte.

Neu in Zeichnung Nr. 18 ist nur die gegenseitige Beziehung zwischen den Resultanten des Zylindersternes zwei und den vorhergehenden der Zylindersterne drei und vier.

Die gleichzeitig wirkenden Resultanten der Zylindersterne vier, drei und zwei sind entsprechend dem Zündschema (Zeichnung Nr. 11 Fig. 4 und 5) in Zeichnung Nr. 18 eingetragen. Auch hier ist aus Zeichnung Nr. 14 ohne weiteres die Möglichkeit gegeben, die Resultanten der Größe und Richtung nach zu entnehmen. Es muß auch hier nur wieder auf die Gleichzeitigkeit Rücksicht genommen werden, und es dürfen Resultanten, die dem ersten Kurbelkreis, nicht mit solchen, die dem zweiten angehören, verwechselt werden.

Es müssen die in den gleichen Punkten des Kurbelkreises angreifenden Resultanten Za_2, Zb_2, Zc_2, Zd_2 und Ze_2 des zweiten Sternes, die der schwarzen Umdrehung, mit den Resultanten Za_3, Zb_3, Zc_3, Zd_3 und Ze_3 des dritten Sternes, die der roten Umdrehung entsprechen, zu je einer weiteren Gesamtresultante zusammengesetzt werden. Diese sind mit Za_{23}, Zb_{23}, Zc_{23}, Zd_{23} und Ze_{23} bezeichnet worden.

Die Gesamtresultante Zf_{23} ist wieder gleich Za_{23}. Von dort fängt eine gleichartige Reihe der hier genannten Resultanten an.

Die vorher erwähnte Zusammensetzung zu den Gesamtresultanten Za_{23} etc. muß darum stattfinden, weil die Zündung der beiden Sterne zwei und drei nach Fig. 4 und 5 der Zeichnung Nr. 11 um 360° auseinanderliegt. Dies entspricht eben zwei aufeinanderfolgenden Kurbelumdrehungen, wie dies bei den schwarz und rot gezeichneten Resultanten Za_2 bezw. Za_3 etc. der Fall ist.

Auch die in Zeichnung Nr. 18 eingetragenen fünf Resultanten Za_4, Zb_4, Zc_4, Zd_4 und Zc_4 des vierten Sternes wirken natürlich auf den Kurbelzapfen des zweiten Zylindersternes.

Alle hier genannten Resultanten werden in den Tafeln, die in den „Bemerkungen zu Zeichnung Nr. 16" erwähnt sind, für die Berechnung der Kurbel- und Wellenzapfen des zweiten Zylindersternes verwertet.

Bemerkungen zu Zeichnung Nr. 19.

In dieser Zeichnung sind die Kräfte, die im Kurbel- und Wellenzapfen des ersten Zylindersternes auftreten, enthalten. Außerdem sind in dieser Zeichnung auch die Kräfte, die in dem Kurbel- und Wellenzapfen des zweiten, dritten und vierten Zylinders vorhanden sind, eingetragen, da auch diese Kräfte durch Kurbel- und Wellenzapfen des ersten Zylindersternes hindurch in der Richtung zum Propeller verlaufen.

Auch in Zeichnung Nr. 19 sind nur Resultanten verschiedener Größe und Richtung aufgenommen. Es sind dies abweichend von Zeichnung Nr. 16, 17 und 18 nur zwei verschiedene Kurbelstellungen (wobei die Zwischenkurbelstellung, die zwischen den Resultanten a und c liegt und als Resultante b bezeichnet wurde, nicht mitgezählt ist).

Im übrigen gilt sinngemäß das zu Zeichnung Nr. 16, 17 und 18 Gesagte.

Neu in Zeichnung Nr. 19 ist nur die gegenseitige Beziehung zwischen den Resultanten des Zylindersternes eins und den vorhergehenden der Zylindersterne zwei, drei und vier.

Die gleichzeitig wirkenden Resultanten der Zylindersterne vier, drei, zwei und eins sind entsprechend dem Zündschema (Zeichnung Nr. 11, Fig. 4 und 5) in Zeichnung Nr. 19 eingetragen. Auch hier ist aus Zeichnung Nr. 14 ohne weiteres die Möglichkeit gegeben, diese Resultanten der Größe und Richtung nach zu entnehmen.

Es muß auch hier nur wieder auf die Gleichzeitigkeit Rücksicht genommen werden, und es dürfen Resultanten, die dem ersten Kurbelkreis, nicht mit solchen, die dem zweiten angehören, verwechselt werden.

Es müssen die in den gleichen Punkten des Kurbelkreises angreifenden Resultanten Z_{a4}, Z_{b4} und Z_{c4} des vierten Sternes, die der schwarzen Umdrehung, mit den Resultanten Z_{a1}, Z_{b1} und Z_{c1} des ersten Sternes, die der roten Umdrehung entsprechen, zu je einer weiteren Gesamt-Resultante zusammengesetzt werden. Diese sind mit Z_{a14}, Z_{b14} und Z_{c14} bezeichnet worden.

Ebenso müssen die in den gegenüberliegenden Punkten des Kurbelkreises angreifenden Resultanten Z_{a2}, Z_{b2} und Z_{c2} des zweiten Sternes, die der schwarzen Umdrehung, mit den Resultanten Z_{a3}, Z_{b3} und Z_{c3} des dritten Sternes, die der roten Umdrehung entsprechen, zu je einer weiteren Gesamtresultante zusammengesetzt werden. Diese sind mit Z_{a23}, Z_{b23} und Z_{c23} bezeichnet.

Die hier erwähnte Zusammensetzung zu den Gesamtresultanten Z_{a14}, Z_{b14} und Z_{c14} muß darum stattfinden, weil die Zündung der beiden Sterne eins und vier nach Zeichnung Nr. 11, Fig. 4 und 5 um 360° auseinanderliegt. Dies entspricht eben zwei aufeinanderfolgenden Kurbelumdrehungen, wie dies bei den schwarz und rot gezeichneten Resultanten Z_{a4} bezw. Z_{a1} etc. der Fall ist.

Sinngemäß findet das vorstehend Gesagte auch bei den Gesamtresultanten Z_{a23}, Z_{b23} und Z_{c23} Anwendung.

Die Gesamtresultante Z_{c14} ist hier gleich der Gesamtresultante Z_{a23}. Wir sehen also, daß sich hier (im Gegensatz zu den Diagrammen der Zeichnungen Nr. 16, 17 und 18) an eine Folge gleichartiger Resultanten nicht wieder eine gleichartige Resultante (d. i. eine, die sich aus den Resultanten der gleichbezeichneten Zylindersterne zusammensetzt) anreiht, sondern eine Gesamtresultante, die den beiden anders bezeichneten Zylindersternen entspricht.

Es wechseln also die Gruppen der Gesamtresultanten

Z_{a14}, Z_{b14} mit Z_{c14} (gleich Z_{a23}), Z_{b23} und
Z_{a23}, Z_{b23} mit Z_{c23} (gleich Z_{a14}), Z_{b14}

Die Gruppen der Gesamtresultanten der Zylindersterne eins und vier und der Zylindersterne zwei und drei vertauschen ihre Rollen.

Alle hier genannten Resultanten werden in den Tafeln, die in den „Bemerkungen zu Zeichnung Nr. 16" erwähnt sind, für die Berechnung der Wellen- und Kurbelzapfen des ersten Zylindersternes verwertet.

Bemerkungen zu Zeichnung Nr. 20.

In dieser Zeichnung ist in Fig. 1 die Hauptansicht der Motor-Kurbelwelle dargestellt.

In Fig. 2 ist ein Schnitt durch die Kurbelwelle und durch einen Kurbelwellenarm gezeichnet.

In Fig. 3—9 sind die einzelnen Querschnitte durch die verschiedenen Wellen- und Kurbelzapfen wiedergegeben.

In den vorgenannten Figuren sind nicht alle für die Werkstatt notwendigen Abmessungen, sondern nur die zur Kurbelwellenberechnung erforderlichen Maße angegeben.

Sämtliche Außendurchmesser der Wellen- und Kurbelzapfen (mit Ausnahme des ersten Wellenzapfens, der ein Kugellager trägt) sind $d = 65$ mm.

Die lichten Bohrungen der Wellenzapfen nach

Fig. 9, 7, 5, 4 und 3 sind
55, 50, 45, 40 „ 48 mm.

Sie nehmen also regelmäßig ab, mit Ausnahme der ersten Bohrung, die abweichend ist, da hier ein Kugellager in Frage kommt.

Die Bohrungen der Kurbelzapfen nach Fig. 8, 6 und 4 sind alle gleich 40 mm. Es könnten hier wohl rechnungsmäßig kleine Abweichungen auftreten. Es ist dies aber unterlassen worden, um einen vollständigen Massenausgleich zu sichern.

In Fig. 10 sind die maximalen Beanspruchungen in den Kurbelzapfen, die sich nach der

Zusammenstellung der Kurbelwellenberechnungen
(Kurbelzapfen und Wellenzapfen)
in bezug auf k_b, k_d, k_i

ergeben, graphisch aufgetragen. Es zeigt sich, daß der Verlauf dieser maximalen Beanspruchungen bei den gewählten Abmessungen sehr gleichmäßig ist. Die höchste überhaupt auftretende Beanspruchung $k_i = 1090$ kg/cm² ist noch niedrig gehalten.

In Figur 11 sind die maximalen Beanspruchungen in den übertragenden Wellenzapfen, die sich nach der vorgenannten Zusammenstellung ergeben, graphisch aufgetragen. Auch hier ist ein stetiger Verlauf der Beanspruchungen. Ihre größte k_i ist hier sogar nur 925 kg/cm².

In Figur 12 sind die maximalen Beanspruchungen in den übertragenden Kurbelarmen, die sich nach der

Zusammenstellung der Kurbelwellenberechnungen
(Kurbelarme)
in bezug auf k_{b1}, k_{b2}, k_d, k_{bid}, k und k_i

ergeben, graphisch aufgetragen. Auch hier ist ein sehr stetiger Verlauf der Beanspruchungen zu sehen. Die größte k_i beträgt hier 1683 kg/cm². Es ist dies eine Beanspruchung, die nach den großen, in den Abschnitten II und III erwähnten Sicherheiten und Reserven durchaus zulässig ist.

Der Begriff „Übertragende Wellenzapfen" (Fig. 11) und „Übertragende Kurbelarme" (Fig. 12) ist so zu verstehen, daß von den zu jedem Kurbelzapfen zugehörigen 2 Wellenzapfen bezw. 2 Kurbelarmen immer der stärker beanspruchte, das ist der in der Richtung zum Propeller liegende, in Rechnung gezogen wird.

Ganz allgemein wird zu den Figuren 10, 11 und 12 bemerkt, daß eine gesetzmäßig verlaufende Abnahme der Beanspruchungen bei den von dem Propeller weiter entfernt liegenden Kurbelteilen zu sehen ist. Dies wurde auch darum angestrebt und erreicht, weil diese Kurbelteile mit weniger Zylindern zusammen arbeiten als die dem Propeller näher liegenden Teile der Kurbel. Erstere werden daher nicht so gleichmäßig beansprucht werden wie letztere. Es ist daher für jene in den Beanspruchungen eine kleine Sicherheitsreserve eingeführt. (S. Abschnitt III Punkt 2.)

In Fig. 13 sind die maximalen und mittleren Kolben- und Flächendrücke an den Kurbel- und Wellenzapfen, die in den Rechnungen 52—63 ermittelt werden, graphisch aufgetragen. Die Drücke auf Kurbelzapfen (q_1) sind naturgemäß in allen vier Zapfen gleich groß. Die Verhältnisse bei den Wellenzapfen zwischen dem ersten und zweiten (7,65 kg), sowie zwischen dem dritten und vierten Zylinderstern (7.65 kg) sind, da die Drücke sich hier teilweise aufheben, günstiger als zwischen dem zweiten und dritten Zylinderstern (20 kg).

In Fig. 14 sind die Reibungsarbeiten an den Kurbel- und Wellenzapfen, die sich nach der

Zusammenstellung der Kurbelwellenberechnungen in bezug auf
spezifische Reibungsarbeit Ar.
(Rechnung 58—63, Spalte 44)

ergeben, graphisch aufgetragen.

Was zu Fig. 13 in bezug auf die Drücke an den Kurbel- und Wellenzapfen gesagt ist, gilt hier sinngemäß auch für die Reibungsarbeiten.

Dem ungünstigeren Verhältnis bei dem Wellenzapfen zwischen dem zweiten und dritten Zylinderstern ist durch die im Abschnitt II S. 25 und Abschnitt III S. 43 hervorgehobenen, besonderen Konstruktionen Rechnung getragen.

Bemerkungen zu Zeichnung Nr. 21.

Auf dieser Zeichnung wird die größte Resultante der auf die Wellenzapfen reduzierten spezifischen Kolbendrücke ermittelt.

Aus Zeichnung Nr. 17 werden die Resultanten Z_{a3} und Z_{a4} entnommen, die auf die Kurbelzapfen des dritten bezw. vierten Sternes wirken. Um ihren Einfluß auf den zwischen ihnen liegenden Wellenzapfen feststellen zu können, werden diese Kolbendrücke auf diesen Wellenzapfen reduziert.

Aus Z_{a3} wird dadurch $\frac{l_3}{l} \cdot Z_{a3}$ (s. Zeichnung Nr. 20 Fig. 1)

und „ Z_{a4} „ „ $\frac{Z_{a4}}{2}$

Diese reduzierten Resultanten, deren Richtung natürlich unverändert bleibt, werden in Fig. 1 der Zeichnung Nr. 21 zu einer neuen Resultante $Q_{34} = 10{,}2$ kg/cm² zusammengesetzt, deren Wert in Rechnung 54 Spalte 27 eingetragen wird.

Nun werden aus Zeichnung Nr. 18 die Resultanten Z_{a2} und Z_{a3} entnommen, die auf die Kurbelzapfen des zweiten bezw. dritten Sternes wirken. Um deren Einfluß auf den zwischen ihnen liegenden Wellenzapfen feststellen zu können, werden diese Kolbendrücke wieder wie oben auf diesen Wellenzapfen reduziert.

Aus Z_{a2} wird dadurch $\frac{l_1}{l} \cdot Z_{a2}$ (s. Zeichnung Nr. 20 Fig. 1)

und „ Z_{a3} „ „ $\frac{l_1}{l} \cdot Z_{a3}$

Diese reduzierten Resultanten, deren Richtung natürlich unverändert bleibt, werden in Fig. 2 der Zeichnung Nr. 21 zu einer neuen Resultante $Q_{23} = 13{,}6$ kg/cm² zusammengesetzt, deren Wert in Rechnung 55 Spalte 27 eingetragen ist.

Die in Betracht kommenden Resultanten der Zylindersterne 2 und 1 sind der Größe und Richtung nach gleich den entsprechenden Resultanten der Zylindersterne 4 und 3, das sind Z_{a4} und Z_{a3}. Diese letzteren Resultanten erfahren bei der Reduktion auf den zwischen ihnen liegenden Wellenzapfen eine Veränderung, die verschieden ist von der Reduktion auf den zwischen den Zylindersternen 2 und 1 liegenden Wellenzapfen.

Aus $\dot{Z}_{a1}$ wird dadurch $\frac{l_2}{l} \cdot Z_{a1}$ (s. Zeichnung Nr. 20 Fig. 1)

und „ Z_{a2} „ „ $\frac{l_3}{l} \cdot Z_{a2}$

Diese reduzierten Resultanten, deren Richtung natürlich unverändert bleibt, werden in Fig. 3 der Zeichnung Nr. 21 zu einer neuen Resultante $Q_{12} = 10$ kg/cm² zusammengesetzt, deren Wert in Rechnung 56 Spalte 27 eingetragen ist.

Bemerkungen zu Zeichnung Nr. 22.

Diese Zeichnung dient zur Ermittlung und Zusammenstellung der resultierenden mittleren Kolbendrücke verschiedener Kurbelstellungen eines Zylindersternes.

Zunächst wird aus Zeichnung Nr. 12 die Arbeitskurve des Indikatordiagrammes eines Zylinders, über dem Kolbenweg z. B. des ersten Zylinders, aufgetragen. Aus dieser Kurve wird in bekannter Weise, z. B. durch Planimetrieren, der mittlere spezifische Kolbendruck während des Arbeitshubes (pma) ermittelt und in das Indikatordiagramm eingetragen.

Diese Eintragung muß auch bei den übrigen 6 Zylindern des Sternes erfolgen.

Hierauf werden die gleichzeitig wirkenden mittleren spezifischen Kolbendrücke der 7 Zylinder eines Sternes in den verschiedenen Kurbelstellungen zu Resultanten zusammengesetzt.

Der Vorgang, der dabei eingeschlagen wird, ist sinngemäß genau der gleiche, wie er in Zeichnung Nr. 14 eingehalten wurde. In dieser Zeichnung wurden die in den verschiedenen Kurbelstellungen während des Arbeits- und Verdichtungshubes in Betracht kommenden, gleichzeitig wirkenden Kräfte zusammengesetzt. Bei Zeichnung Nr. 22 geschieht dasselbe mit den gleichzeitig wirkenden mittleren spezifischen Kolbendrücken der Arbeitshübe.

Da sich jetzt die Untersuchung nur auf die Arbeitshübe allein erstreckt und während dieser Hübe nicht verschiedene, sondern nur gleiche, die mittleren Drücke, auftreten, ist das hier angewendete Verfahren wohl dem Sinne nach gleich, tatsächlich aber erheblich einfacher als das in Zeichnung Nr. 14.

Das Ergebnis ist, daß durch Verbinden der Endpunkte der Resultanten eine gebrochene Kurve entsteht, die sich in jedem Vierzehntel des Kreises der Größe nach ändert. Der Kurbelkreis wird wieder zweimal durchlaufen. Die gebrochene Kurve wird einmal schwarz und einmal rot gezeichnet.

Der Verlauf der Resultanten der mittleren spezifischen Kolbendrücke ist nun gegeben.

Es werden nun sämtliche schwarzen und roten Resultanten addiert, ohne auf ihre Richtung Rücksicht zu nehmen. Es sind 7 Resultanten $pm = 7{,}86$ Atmosphären, die nicht mit anderen mittleren spezifischen Kolbendrücken zusammengesetzt sind und daher unverändert gleich den aus dem Indikatordiagramm ermittelten mittleren spezifischen Drücken sind. Ferner treten 21 Resultanten $pmr = 9{,}8$ auf, die bereits die Resultanten zweier mittlerer spezifischer Kolbendrücke darstellen.

Der in sämtlichen 7 Zylindern eines Sternes während des Arbeitshubes wirkende mittlere spezifische Kolbendruck

$$pma = \frac{pm \cdot 7 + pmr \cdot 21}{28} = \frac{7{,}86 \cdot 7 + 9{,}8 \cdot 21}{28} = 9{,}32 \text{ Atmosphären.}$$

Durch das Zusammensetzen der mittleren Drücke für 7 Zylinder ist also aus dem mittleren Druck eines Zylinders $pm = 7{,}86$ ein resultierender mittlerer Druck für alle 7 Zylinder $pma = 9{,}32$ Atmosphären entstanden

Die Steigerung der Kolbendrücke bei dem Übergang von einem zu sieben Zylindern hat aber nicht nur für den Arbeitshub Geltung, sondern für alle Hübe.

Nach Erfahrungswerten ist der mittlere Druck für alle 4 Hübe unter besonderer Berücksichtigung der Massenwirkungen nach Güldner S. 198 Auflage 3:

$$pmk = \frac{3{,}25 + 2{,}4 + 8{,}2 + 3{,}2}{4} = 4{,}25 \text{ Atmosphären.}$$

Die im Zähler angegebenen besonderen Zahlenwerte entsprechen den mittleren Drücken für Saug-Verdichtungs-, Arbeits- und Ausschubhub.

Für den Arbeitshub ist nunmehr an Stelle von $pma = 8{,}2$ der Wert 9,32 zu setzen, der dem mittleren, spezifischen Kolbendruck der Arbeitshübe aller 7 Zylinder entspricht.

Um das pmk für den ganzen Stern zu erhalten, sind also alle 4 Zahlen des Zählers im Verhältnis $\frac{9{,}32}{8{,}2}$ zu vergrößern. Es wird dadurch das für den Stern geltende

$pmk = \frac{3{,}96 + 2{,}72 + 9{,}32 + 3{,}64}{4} = \frac{19{,}6}{4} = 4{,}9$ Atmosphären. Aus 4,25 nach Güldner ist nun ein $pmk = 4{,}9$ entstanden. (S. Rechnung 58 Spalte 34.)

Einfacher könnte man das pmk für den ganzen Stern erhalten, wenn nicht alle 4 Teilzahlen des Zählers, sondern nur der Quotient (4,25) im Verhältnis $\frac{9.32}{8{,}2}$ vergrößert werden würde:

$$4{,}25 \cdot \frac{9{,}32}{8{,}2} = 4{,}9$$

Bemerkungen zu Zeichnung Nr. 23.

Diese Zeichnung zeigt die Zusammensetzung der resultierenden mittleren Kolbendrücke der verschiedenen Kurbelstellungen des 4. mit denen des 3. Zylindersternes. (Die Kräfte sind aus der Zeichnung 22 entnommen.)

Auf der vierten und dritten Kurbel wirken während des Arbeitshubes je ein mittlerer spezifischer Kolbendruck, die sich aus Zeichnung Nr. 22 ohne weiteres ergeben. Diese Kräfte sind nun in Zeichnung Nr. 23 übernommen und mit pa_4 und pa_3 bezeichnet.

Es treten also gleichzeitig zwei Kräfte pa_4 und pa_3 und in einer zweiten späteren Stellung pb_4 und pb_3 auf. Die Gleichzeitigkeit wurde nach denselben Gesichtspunkten wie bei der Zeichnung Nr. 17 ermittelt.

Wenn man das Kräftebild von pa_4 und pa_3 mit dem von pb_4 und pb_3 vergleicht, findet man, daß das eine Bild dem anderen gleicht. Die beiden Bilder sind nur um $\frac{360}{7}$ verschoben und außerdem die Längen der Kräfte vertauscht. Die zusammengehörigen Kräfte sind von dem Kreismittelpunkt aus zu Resultanten

pza_{34} und pzb_{34} zusammengesetzt. Diese sind der Größe und Richtung nach gleich und ihr Wert beträgt 4 Atmosphären. Er muß noch nach dem Vorhergesagten im Verhältnis $\frac{4,9}{9,32}$ reduziert werden,

d. i. $4 \cdot \frac{4,9}{9,32} = 2,1$. (S. Rechnung 60 Spalte 36.)

Bemerkungen zu Zeichnung Nr. 24.

Diese Zeichnung zeigt die Zusammensetzung der resultierenden mittleren Kolbendrücke der verschiedenen Kurbelstellungen des 3. mit denen des 2. Zylindersternes. (Die Kräfte sind aus der Zeichnung 22 entnommen.)

Aus Zeichnung Nr. 22 sind die mittleren spezifischen Kolbendrücke während des Arbeitshubes für den dritten und auch für den zweiten Stern ohne weiteres zu entnehmen.

Diese Kräfte werden nun in Zeichnung Nr. 24 übernommen.

Die gleichzeitig auftretenden Kräfte sind in zwei aufeinanderfolgenden Kurbelstellungen aufgezeichnet. Sie sind zu Gesamtresultanten zusammengesetzt, die die Namen pza_{23} und pzb_{23} erhalten. Es zeigt sich auch hier, daß die beiden Resultanten einander gleich sind und eine Größe von 17 Atmosphären haben.

Die Reduktion ergibt hier $17 \cdot \frac{4,9}{9,32} = 8,9$. (S. Rechnung 61 Spalte 37.)

Zusammenstellung der Kurbelwellenberechnungen

(Kurbel- und Wellenzapfen.)

in Bezug auf k_b, k_d, k_i.

1	2	3	4	5	6	7	8	9	10
Rechg. №	Zchg. Fig. Skizz. } №	Bemerkung.	M_b (cmkg)	M_d (cmkg).	M_i (cmkg).	$W_b = \frac{\pi}{32}\left(\frac{d^4-d'^4}{d}\right)$ $W_d = \frac{\pi}{16}\left(\frac{d^4-d'^4}{d}\right)$ cm^3	k_b (kg/cm^2) $= \frac{M_b}{W_b}$	k_d (kg/cm^2) $= \frac{M_d}{W_d}$	k_i (kg/cm^2) $= \frac{M_i}{W_b}$
1	Zchg. 16 " 20 Fig. 1 " 8	Vierter Stern. Kurbelzapfen Fall a	$= \frac{Z_{a4}\cdot F\cdot l_1\cdot l_4}{l''}$ $= \frac{23\cdot 154\cdot 10\cdot 10{,}35}{20{,}35}$ $= 18000$	$= \frac{1}{2}\cdot T_{a4}\cdot F\cdot r$ $= \frac{1}{2}\cdot 4\cdot 154\cdot 7$ $= 2160$	$= 0{,}35\cdot M_b + 0{,}65\sqrt{M_b^2 + M_d^2}$ $= 0{,}35\cdot 18000 + 0{,}65\sqrt{18000^2 + 2160^2}$ $= 6300 + 650\sqrt{324 + 4{,}66}$ $= 6300 + 650\cdot 18{,}16$ $= 18100$	$W_b = \frac{\pi}{32}\left(\frac{6{,}5^4-4^4}{6{,}5}\right)$ $= 23{,}2$ $W_d = \frac{\pi}{16}\left(\frac{6{,}5^4-4^4}{6{,}5}\right)$ $= 46{,}4$	$= \frac{18000}{23{,}2}$ $= 780$	$= \frac{2160}{46{,}4}$ $= 47$	$= \frac{18100}{23{,}2}$ $= 785$
2	dto.	Fall b	$= \frac{Z_{b4}\cdot F\cdot l_1\cdot l_4}{l''}$ $= \frac{22{,}6\cdot 154\cdot 10\cdot 10{,}35}{20{,}35}$ $= 17700$	$= \frac{1}{2}\cdot T_{b4}\cdot F\cdot r$ $= \frac{1}{2}\cdot 8{,}6\cdot 154\cdot 7$ $= 4640$	$= 0{,}35\cdot 17700 + 0{,}65\sqrt{17700^2 + 4640^2}$ $= 6200 + 650\sqrt{314 + 21{,}6}$ $= 6200 + 650\cdot 18{,}32$ $= 18100$	$W_b = 23{,}2$ $W_d = 46{,}4$	$= \frac{17700}{23{,}2}$ $= 760$	$= \frac{4640}{46{,}4}$ $= 100$	$= \frac{18100}{23{,}2}$ $= 785$
3	dto.	Fall c	$= \frac{Z_{c4}\cdot F\cdot l_1\cdot l_4}{l''}$ $= \frac{18{,}6\cdot 154\cdot 10\cdot 10{,}35}{20{,}35}$ $= 14600$	$= \frac{1}{2}\cdot T_{c4}\cdot F\cdot r$ $= \frac{1}{2}\cdot 10{,}6\cdot 154\cdot 7$ $= 5700$	$= 0{,}35\cdot 14600 + 0{,}65\sqrt{14600^2 + 5700^2}$ $= 5100 + 650\sqrt{214 + 32{,}5}$ $= 5100 + 650\cdot 15{,}7$ $= 15300$	$W_b = 23{,}2$ $W_d = 46{,}4$	$= \frac{14600}{23{,}2}$ $= 630$	$= \frac{5700}{46{,}4}$ $= 123$	$= \frac{15300}{23{,}2}$ $= 660$
4	dto.	Fall d	$= \frac{Z_{d4}\cdot F\cdot l_1\cdot l_4}{l''}$ $= \frac{8{,}4\cdot 154\cdot 10\cdot 10{,}35}{20{,}35}$ $= 6600$	$= \frac{1}{2}\cdot T_{d4}\cdot F\cdot r$ $= \frac{1}{2}\cdot 6{,}8\cdot 154\cdot 7$ $= 3670$	$= 0{,}35\cdot 6600 + 0{,}65\sqrt{6600^2 + 3670^2}$ $= 2320 + 650\sqrt{43{,}6 + 13{,}5}$ $= 2320 + 650\cdot 7{,}55$ $= 7220$	$W_b = 23{,}2$ $W_d = 46{,}4$	$= \frac{6600}{23{,}2}$ $= 285$	$= \frac{3670}{46{,}4}$ $= 79$	$= \frac{7220}{23{,}2}$ $= 310$
5	dto.	Fall e	$= \frac{Z_{e4}\cdot F\cdot l_1\cdot l_4}{l''}$ $= \frac{6\cdot 154\cdot 10\cdot 10{,}35}{20{,}35}$ $= 4700$	$= \frac{1}{2}\cdot T_{e4}\cdot F\cdot r$ $= \frac{1}{2}\cdot 3{,}6\cdot 154\cdot 7$ $= 1940$	$= 0{,}35\cdot 4700 + 0{,}65\sqrt{4700^2 + 1940^2}$ $= 1650 + 650\sqrt{22 + 3{,}76}$ $= 1650 + 650\cdot 5{,}06$ $= 4950$	$W_b = 23{,}2$ $W_d = 46{,}4$	$= \frac{4700}{23{,}2}$ $= 205$	$= \frac{1940}{46{,}4}$ $= 42$	$= \frac{4950}{23{,}2}$ $= 213$

1	2	3	4	5	6	7	8	9	10
Rechg. Nr.	Zchg. / Fig. / Skizz. } Nr.	Bemerkung.	M_b (cmkg)	M_d (cmkg).	M_i (cmkg).	$W_b = \frac{\pi}{32}\left(\frac{d^4-d'^4}{d}\right)$ $W_d = \frac{\pi}{16}\left(\frac{d^4-d'^4}{d}\right)$ cm³	k_b (kg/cm²) $= \frac{M_b}{W_b}$	k_d (kg/cm²) $= \frac{M_d}{W_d}$	k_i (kg/cm²) $= \frac{M_i}{W_b}$
6	Zchg. 16 / " 20 / Fig. 1 / " 7	Wellenzapfen. Fall a	$= \frac{1}{2} \cdot Z_{a4} \cdot F \cdot Y_1$ $= \frac{1}{2} \cdot 23 \cdot 154 \cdot 3{,}25$ $= 5760$	$= T_{a4} \cdot F \cdot r$ $= 4 \cdot 154 \cdot 7$ $= 4320$	$= 0{,}35 \cdot 5760 + 0{,}65\sqrt{5760^2 + 4320^2}$ $= 2020 + 650 \cdot \sqrt{33 + 18{,}6}$ $= 2020 + 650 \cdot 7{,}2$ $= 6700$	$W_b = \frac{\pi}{32}\left(\frac{6{,}5^4 - 5^4}{6{,}5}\right) = 17{,}8$ $W_d = \frac{\pi}{16}\left(\frac{6{,}5^4 - 5^4}{6{,}5}\right) = 35{,}6$	$\frac{5760}{17{,}8}$ $= 322$	$\frac{4320}{35{,}6}$ $= 120$	$\frac{6700}{17{,}8}$ $= 376$
7	dto.	Fall b	$= \frac{1}{2} \cdot Z_{b4} \cdot F \cdot Y_1$ $= \frac{1}{2} \cdot 22{,}6 \cdot 154 \cdot 3{,}25$ $= 5650$	$= T_{b4} \cdot F \cdot r$ $= 8{,}6 \cdot 154 \cdot 7$ $= 9300$	$= 0{,}35 \cdot 5650 + 0{,}65\sqrt{5650^2 + 9300^2}$ $= 1980 + 650\sqrt{32 + 86{,}5}$ $= 1980 + 650 \cdot 10{,}8$ $= 8980$	$W_b = 17{,}8$ $W_d = 35{,}6$	$\frac{5650}{17{,}8}$ $= 318$	$\frac{9300}{35{,}6}$ $= 260$	$\frac{8980}{17{,}8}$ $= 505$
8	dto.	Fall c	$= \frac{1}{2} \cdot Z_{c4} \cdot F \cdot Y_1$ $= \frac{1}{2} \cdot 18{,}6 \cdot 154 \cdot 3{,}25$ $= 4650$	$= T_{c4} \cdot F \cdot r$ $= 10{,}6 \cdot 154 \cdot 7$ $= 11400$	$= 0{,}35 \cdot 4650 + 0{,}65\sqrt{4650^2 + 11400^2}$ $= 1630 + 650\sqrt{21{,}5 + 130}$ $= 1630 + 650 \cdot 12{,}3$ $= 9630$	$W_b = 17{,}8$ $W_d = 35{,}6$	$\frac{4650}{17{,}8}$ $= 260$	$\frac{11400}{35{,}6}$ $= 320$	$\frac{9630}{17{,}8}$ $= 540$
9	dto.	Fall d	$= \frac{1}{2} \cdot Z_{d4} \cdot F \cdot Y_1$ $= \frac{1}{2} \cdot 8{,}4 \cdot 154 \cdot 3{,}25$ $= 2100$	$= T_{d4} \cdot F \cdot r$ $= 6{,}8 \cdot 154 \cdot 7$ $= 7350$	$= 0{,}35 \cdot 2100 + 0{,}65\sqrt{2100^2 + 7350^2}$ $= 740 + 650\sqrt{4{,}4 + 54}$ $= 740 + 650 \cdot 7{,}64$ $= 5740$	$W_b = 17{,}8$ $W_d = 35{,}6$	$\frac{2100}{17{,}8}$ $= 118$	$\frac{7350}{35{,}6}$ $= 206$	$\frac{5740}{17{,}8}$ $= 322$
10	dto.	Fall e	$= \frac{1}{2} \cdot Z_{e4} \cdot F \cdot Y_1$ $= \frac{1}{2} \cdot 6 \cdot 154 \cdot 3{,}25$ $= 1500$	$= T_{e4} \cdot F \cdot r$ $= 3{,}6 \cdot 154 \cdot 7$ $= 3900$	$= 0{,}35 \cdot 1500 + 0{,}65\sqrt{1500^2 + 3900^2}$ $= 525 + 650 \cdot \sqrt{2{,}25 + 15{,}2}$ $= 525 + 650 \cdot 4{,}16$ $= 3225$	$W_b = 17{,}8$ $W_d = 35{,}6$	$\frac{1500}{17{,}8}$ $= 85$	$\frac{3900}{35{,}6}$ $= 110$	$\frac{3225}{17{,}8}$ $= 180$

1	2	3	4	5	6	7	8	9	10
Rechg. №	Zchg. / Fig. / Skizz. } №	Bemerkung.	M_b (cmkg)	M_d (cmkg).	M_i (cmkg).	$W_b = \frac{\pi}{32}\left(\frac{d^4-d_i^4}{d}\right)$ $W_d = \frac{\pi}{16}\left(\frac{d^4-d_i^4}{d}\right)$ cm³	k_b (kg/cm²) $= \frac{M_b}{W_b}$	k_d (kg/cm²) $= \frac{M_d}{W_d}$	k_i (kg/cm²) $= \frac{M_i}{W_b}$
11	Zchg. 17 " 20 Fig. 1 " 6	Dritter Stern Kurbelzapfen Fall a	$= \frac{Z_{a3} \cdot F \cdot l_1 \cdot l_3}{l}$ $= \frac{23 \cdot 154 \cdot 12 \cdot 10}{22}$ $= 19300$	$= \left(\frac{T_{a3}}{2} + T_{a4}\right) \cdot F \cdot r$ $= \left(\frac{4}{2} + 3{,}6\right) \cdot 154 \cdot 7$ $= 6040$	$= 0{,}35 \cdot 19300 + 0{,}65\sqrt{19300^2 + 6040^2}$ $= 6760 + 650\sqrt{373 + 36{,}5}$ $= 6760 + 650 \cdot 20{,}2$ $= 19900$	$W_b = \frac{\pi}{32}\left(\frac{6{,}5^4 - 4^4}{6{,}5}\right)$ $= 23{,}2$ $W_d = \frac{\pi}{16}\left(\frac{6{,}5^4 - 4^4}{6{,}5}\right)$ $= 46{,}4$	$= \frac{19300}{23{,}2}$ $= 832$	$= \frac{6040}{46{,}4}$ $= 130$	$= \frac{19900}{23{,}2}$ $= 860$
12	dto.	Fall b	$= \frac{Z_{b3} \cdot F \cdot l_1 \cdot l_3}{l}$ $= \frac{22{,}6 \cdot 154 \cdot 12 \cdot 10}{22}$ $= 19000$	$= \left(\frac{T_{b3}}{2} + T_{b4}\right) \cdot F \cdot r$ $= \left(\frac{8{,}6}{2} + 3{,}6\right) \cdot 154 \cdot 7$ $= 8500$	$= 0{,}35 \cdot 19000 + 0{,}65\sqrt{19000^2 + 8500^2}$ $= 6650 + 650\sqrt{361 + 72{,}2}$ $= 6650 + 650 \cdot 20{,}8$ $= 20150$	$W_b = 23{,}2$ $W_d = 46{,}4$	$= \frac{19000}{23{,}2}$ $= 820$	$= \frac{8500}{46{,}4}$ $= 183$	$= \frac{20150}{23{,}2}$ $= 870$
13	dto.	Fall c	$= \frac{Z_{c3} \cdot F \cdot l_1 \cdot l_3}{l}$ $= \frac{14{,}6 \cdot 154 \cdot 12 \cdot 10}{22}$ $= 15600$	$= \left(\frac{T_{c3}}{2} + T_{c4}\right) \cdot F \cdot r$ $= \left(\frac{10{,}6}{2} + 4\right) \cdot 154 \cdot 7$ $= 10000$	$= 0{,}35 \cdot 15600 + 0{,}65\sqrt{15600^2 + 10000^2}$ $= 5460 + 650\sqrt{244 + 100}$ $= 5460 + 650 \cdot 18{,}6$ $= 17560$	$W_b = 23{,}2$ $W_d = 46{,}4$	$= \frac{15600}{23{,}2}$ $= 670$	$= \frac{10000}{46{,}4}$ $= 216$	$= \frac{17560}{23{,}2}$ $= 760$
14	dto.	Fall d	$= \frac{Z_{d3} \cdot F \cdot l_1 \cdot l_3}{l}$ $= \frac{8{,}4 \cdot 154 \cdot 12 \cdot 10}{22}$ $= 7050$	$= \left(\frac{T_{d3}}{2} + T_{d4}\right) \cdot F \cdot r$ $= \left(\frac{6{,}8}{2} + 10{,}6\right) \cdot 154 \cdot 7$ $= 15100$	$= 0{,}35 \cdot 7050 + 0{,}65\sqrt{7050^2 + 15100^2}$ $= 2470 + 650\sqrt{50 + 228}$ $= 2470 + 650 \cdot 16{,}7$ $= 13320$	$W_b = 23{,}2$ $W_d = 46{,}4$	$= \frac{7050}{23{,}2}$ $= 304$	$= \frac{15100}{46{,}4}$ $= 326$	$= \frac{13320}{23{,}2}$ $= 575$
15	dto.	Fall e	$= \frac{Z_{e4} \cdot F \cdot l_1 \cdot l_3}{l}$ $= \frac{6 \cdot 154 \cdot 12 \cdot 10}{22}$ $= 5040$	$= \left(\frac{T_{e3}}{2} + T_{e4}\right) \cdot F \cdot r$ $= \left(\frac{3{,}6}{2} + 6{,}8\right) \cdot 154 \cdot 7$ $= 10350$	$= 0{,}35 \cdot 5040 + 0{,}65\sqrt{5040^2 + 10350^2}$ $= 1760 + 650\sqrt{25{,}4 + 103{,}7}$ $= 1760 + 650 \cdot 11{,}38$ $= 9160$	$W_b = 23{,}2$ $W_d = 46{,}4$	$= \frac{5040}{23{,}2}$ $= 218$	$= \frac{10350}{46{,}4}$ $= 224$	$= \frac{9160}{23{,}2}$ $= 395$

1	2	3	4	5	6	7	8	9	10
Rechg. №	Zchg. / Fig. / Skizz. } №	Bemerkung.	M_b (cmkg)	M_d (cmkg)	M_i (cmkg)	$W_b = \frac{\pi}{32}\left(\frac{d^4-d'^4}{d}\right)$ $W_d = \frac{\pi}{16}\left(\frac{d^4-d'^4}{d}\right)$ cm³	k_b (kg/cm²) $= \frac{M_b}{W_b}$	k_d (kg/cm²) $= \frac{M_d}{W_d}$	k_i (kg/cm²) $= \frac{M_i}{W_b}$
16	Zchg. 17 " 20 Fig. 1 " 5	Wellenzapfen Fall a	$= \frac{l_2}{l} \cdot Z_{a3} \cdot F \cdot y_2$ $= \frac{10}{22} \cdot 23 \cdot 154 \cdot 5{,}25$ $= 8450$	$= (T_{a3} + T_{a4}) \cdot F \cdot r$ $= (4 + 3{,}6) \cdot 154 \cdot 7$ $= 8200$	$= 0{,}35 \cdot 8450 + 0{,}65\sqrt{8450^2 + 8200^2}$ $= 2960 + 650\sqrt{71{,}5 + 67{,}2}$ $= 2960 + 650 \cdot 11{,}8$ $= 10620$	$W_b = \frac{\pi}{32}\left(\frac{6{,}5^4 - 4{,}5^4}{6{,}5}\right)$ $= 21{,}25$ $W_d = \frac{\pi}{16}\left(\frac{6{,}5^4 - 4{,}5^4}{6{,}5}\right)$ $= 42{,}5$	$= \frac{8450}{21{,}25}$ $= 400$	$= \frac{8200}{42{,}5}$ $= 193$	$= \frac{10620}{21{,}25}$ $= 500$
17	dto.	Fall b	$= \frac{l_2}{l} \cdot Z_{b3} \cdot F \cdot y_2$ $= \frac{10}{22} \cdot 22{,}6 \cdot 154 \cdot 5{,}25$ $= 8300$	$= (T_{b3} + T_{b4}) \cdot F \cdot r$ $= (8{,}6 + 3{,}6) \cdot 154 \cdot 7$ $= 13600$	$= 0{,}35 \cdot 8300 + 0{,}65\sqrt{8300^2 + 13600^2}$ $= 2900 + 650\sqrt{69 + 185}$ $= 2900 + 650 \cdot 15{,}92$ $= 13260$	$W_b = 21{,}25$ $W_d = 42{,}5$	$= \frac{8300}{21{,}25}$ $= 390$	$= \frac{13600}{42{,}5}$ $= 320$	$= \frac{13260}{21{,}25}$ $= 625$
18	dto.	Fall c	$= \frac{l_2}{l} \cdot Z_{c3} \cdot F \cdot y_2$ $= \frac{10}{22} \cdot 18{,}6 \cdot 154 \cdot 5{,}25$ $= 6840$	$= (T_{c3} + T_{c4}) \cdot F \cdot r$ $= (10{,}6 + 4) \cdot 154 \cdot 7$ $= 15700$	$= 0{,}35 \cdot 6840 + 0{,}65\sqrt{6840^2 + 15700^2}$ $= 2400 + 650\sqrt{47 + 247}$ $= 2400 + 650 \cdot 17{,}15$ $= 13520$	$W_b = 21{,}25$ $W_d = 42{,}5$	$= \frac{6840}{21{,}25}$ $= 320$	$= \frac{15700}{42{,}5}$ $= 370$	$= \frac{13520}{21{,}25}$ $= 640$
19	dto.	Fall d	$= \frac{l_2}{l} \cdot Z_{d3} \cdot F \cdot y_2$ $= \frac{10}{22} \cdot 8{,}4 \cdot 154 \cdot 5{,}25$ $= 3100$	$= (T_{d3} + T_{d4}) \cdot F \cdot r$ $= (6{,}8 + 10{,}6) \cdot 154 \cdot 7$ $= 18800$	$= 0{,}35 \cdot 3100 + 0{,}65\sqrt{3100^2 + 18800^2}$ $= 1085 + 650\sqrt{9{,}6 + 354}$ $= 1085 + 650 \cdot 19{,}05$ $= 13455$	$W_b = 21{,}25$ $W_d = 42{,}5$	$= \frac{3100}{21{,}25}$ $= 146$	$= \frac{18800}{42{,}5}$ $= 440$	$= \frac{13455}{21{,}25}$ $= 635$
20	dto.	Fall e	$= \frac{l_2}{l} \cdot Z_{e3} \cdot F \cdot y_2$ $= \frac{10}{22} \cdot 6 \cdot 154 \cdot 5{,}25$ $= 2200$	$= (T_{e3} + T_{e4}) \cdot F \cdot r$ $= (3{,}6 + 6{,}8) \cdot 154 \cdot 7$ $= 11200$	$= 0{,}35 \cdot 2200 + 0{,}65\sqrt{2200^2 + 11200^2}$ $= 770 + 650\sqrt{4{,}84 + 125{,}4}$ $= 770 + 650 \cdot 11{,}5$ $= 8270$	$W_b = 21{,}25$ $W_d = 42{,}5$	$= \frac{2200}{21{,}25}$ $= 104$	$= \frac{11200}{42{,}5}$ $= 263$	$= \frac{8270}{21{,}25}$ $= 390$

1	2	3	4	5	6	7	8	9	10
Rechg. №	Zchg. Fig. Skizz. } №	Bemerkung.	M_b (cmkg)	M_d (cmkg).	M_i (cmkg).	$W_b = \frac{\pi}{32}\left(\frac{d^4-d^4}{d}\right)$ $W_d = \frac{\pi}{16}\left(\frac{d^4-d^4}{d}\right)$ cm^3	k_b (kg/cm^2) $= \frac{M_b}{W_b}$	k_d (kg/cm^2) $= \frac{M_d}{W_d}$	k_i (kg/cm^2) $= \frac{M_i}{W_b}$
21	Zchg. 18 " 20 Fig. 1 " 4	Zweiter Stern Kurbelzapfen Fall a	$= \frac{Z_{a2} \cdot F \cdot l_1 \cdot l_3}{l}$ $= \frac{23 \cdot 154 \cdot 12 \cdot 10}{22}$ $= 19300$	$= \left(\frac{T_{a2}}{2} + T_{a3} + T_{a4}\right) \cdot F \cdot r$ $= \left(\frac{4}{2} + 6{,}8 + 10{,}6\right) \cdot 154 \cdot 7$ $= 20900$	$= 0{,}35 \cdot 19300 + 0{,}65\sqrt{19300^2 + 20900^2}$ $= 6760 + 650\sqrt{373 + 437}$ $= 6760 + 650 \cdot 28{,}45$ $= 25260$	$W_b = \frac{\pi}{36}\left(\frac{6{,}5^4-4^4}{6{,}5}\right)$ $= 23{,}2$ $W_d = \frac{\pi}{16}\left(\frac{6{,}5^4-4^4}{6{,}5}\right)$ $= 46{,}4$	$= \frac{19300}{23{,}2}$ $= 832$	$= \frac{20900}{46{,}4}$ $= 451$	$= \frac{25260}{23{,}2}$ $= 1090$
22	dto.	Fall b	$= \frac{Z_{b2} \cdot F \cdot l_1 \cdot l_3}{l}$ $= \frac{22{,}6 \cdot 154 \cdot 12 \cdot 10}{22}$ $= 19000$	$= \left(\frac{T_{b2}}{2} + T_{b3} + T_{b4}\right) \cdot F \cdot r$ $= \left(\frac{8{,}6}{2} + 5{,}5 + 9{,}5\right) \cdot 154 \cdot 7$ $= 20800$	$= 0{,}35 \cdot 19000 + 0{,}65\sqrt{19000^2 + 20800^2}$ $= 6650 + 650\sqrt{361 + 433}$ $= 6650 + 650 \cdot 28{,}2$ $= 24950$	$W_b = 23{,}2$ $W_d = 46{,}4$	$= \frac{19000}{23{,}2}$ $= 820$	$= \frac{20800}{46{,}4}$ $= 449$	$= \frac{24950}{23{,}2}$ $= 1070$
23	dto.	Fall c	$= \frac{Z_{c2} \cdot F \cdot l_1 \cdot l_3}{l}$ $= \frac{18{,}6 \cdot 154 \cdot 12 \cdot 10}{22}$ $= 15600$	$= \left(\frac{T_{c2}}{2} + T_{c3} + T_{c4}\right) \cdot F \cdot r$ $= \left(\frac{10{,}6}{2} + 3{,}6 + 6{,}8\right) \cdot 154 \cdot 7$ $= 16900$	$= 0{,}35 \cdot 15600 + 0{,}65\sqrt{15600^2 + 16900^2}$ $= 5460 + 650\sqrt{244 + 286}$ $= 5460 + 650 \cdot 23$ $= 20410$	$W_b = 23{,}2$ $W_d = 46{,}4$	$= \frac{15600}{23{,}2}$ $= 670$	$= \frac{16900}{46{,}4}$ $= 364$	$= \frac{20410}{23{,}2}$ $= 880$
24	dto.	Fall d	$= \frac{Z_{d2} \cdot F \cdot l_1 \cdot l_3}{l}$ $= \frac{8{,}4 \cdot 154 \cdot 12 \cdot 10}{22}$ $= 7050$	$= \left(\frac{T_{d2}}{2} + T_{d3} + T_{d4}\right) \cdot F \cdot r$ $= \left(\frac{6{,}8}{2} + 4 + 3{,}6\right) \cdot 154 \cdot 7$ $= 11860$	$= 0{,}35 \cdot 7050 + 0{,}65\sqrt{7050^2 + 11860^2}$ $= 2470 + 650\sqrt{50 + 141}$ $= 2470 + 650 \cdot 13{,}46$ $= 11220$	$W_b = 23{,}2$ $W_d = 46{,}4$	$= \frac{7050}{23{,}2}$ $= 304$	$= \frac{11860}{46{,}4}$ $= 256$	$= \frac{11220}{23{,}2}$ $= 485$
25	dto.	Fall e	$= \frac{Z_{e2} \cdot F \cdot l_1 \cdot l_3}{l}$ $= \frac{6 \cdot 154 \cdot 12 \cdot 10}{22}$ $= 5040$	$= \left(\frac{T_{e2}}{2} + T_{e3} + T_{e4}\right) \cdot F \cdot r$ $= \left(\frac{3{,}6}{2} + 10{,}6 + 4\right) \cdot 154 \cdot 7$ $= 17700$	$= 0{,}35 \cdot 5040 + 0{,}65\sqrt{5040^2 + 17700^2}$ $= 1760 + 650\sqrt{50{,}4 + 314}$ $= 1760 + 650 \cdot 18{,}4$ $= 13720$	$W_b = 23{,}2$ $W_d = 46{,}4$	$= \frac{5040}{23{,}2}$ $= 218$	$= \frac{17700}{46{,}4}$ $= 380$	$= \frac{13720}{23{,}2}$ $= 590$

1	2	3	4	5	6	7	8	9	10
Rechg. №	Zchg. Fig. Skizz. } №	Bemerkung.	M_b (cmkg)	M_d (cmkg).	M_i (cmkg).	$W_b = \frac{\pi}{32}\left(\frac{d^4-d'^4}{d}\right)$ $W_d = \frac{\pi}{16}\left(\frac{d^4-d'^4}{d}\right)$ cm^3	k_b (kg/cm^2) $= \frac{M_b}{W_b}$	k_d (kg/cm^2) $= \frac{M_d}{W_d}$	k_i (kg/cm^2) $= \frac{M_i}{W_b}$
26	Zchg. 18 " 20 Fig. 1 " 4	Wellenzapfen Fall a	$= \frac{l_3}{l} \cdot Z_{a2} \cdot F \cdot Y_1$ $= \frac{12}{22} \cdot 23 \cdot 154 \cdot 3{,}25$ $= 6280$	$= (T_{a23} + T_{a4}) \cdot F \cdot r$ $= (10{,}4 + 10{,}6) \cdot 154 \cdot 7$ $= 22600$	$= 0{,}35 \cdot 6280 + 0{,}65\sqrt{6280^2 + 22600^2}$ $= 2200 + 650\sqrt{39{,}5 + 510}$ $= 2200 + 650 \cdot 23{,}4$ $= 17400$	$W_b = \frac{\pi}{32}\left(\frac{6{,}5^4-4^4}{6{,}5}\right)$ $= 23{,}2$ $W_d = \frac{\pi}{16}\left(\frac{6{,}5^4-4^4}{6{,}5}\right)$ $= 46{,}4$	$\frac{6280}{23{,}2}$ $= 270$	$\frac{22600}{46{,}4}$ $= 490$	$\frac{17400}{23{,}2}$ $= 750$
27	dto.	Fall b	$= \frac{l_3}{l} \cdot Z_{b2} \cdot F \cdot Y_1$ $= \frac{12}{22} \cdot 22{,}6 \cdot 154 \cdot 3{,}25$ $= 6160$	$= (T_{b23} + T_{b4}) \cdot F \cdot r$ $= (14{,}5 + 94) \cdot 154 \cdot 7$ $= 25400$	$= 0{,}35 \cdot 6160 + 0{,}65\sqrt{6160^2 + 25400^2}$ $= 2160 + 650\sqrt{38 + 645}$ $= 2160 + 650 \cdot 26{,}2$ $= 19160$	$W_b = 23{,}2$ $W_d = 46{,}4$	$\frac{6160}{23{,}2}$ $= 265$	$\frac{25400}{46{,}4}$ $= 550$	$\frac{19160}{23{,}2}$ $= 830$
28	dto.	Fall c	$= \frac{l_3}{l} \cdot Z_{c2} \cdot F \cdot Y_1$ $= \frac{12}{22} \cdot 18{,}6 \cdot 154 \cdot 3{,}25$ $= 5080$	$= (T_{c23} + T_{c4}) \cdot F \cdot r$ $= (14{,}2 + 6{,}8) \cdot 154 \cdot 7$ $= 22600$	$= 0{,}35 \cdot 5080 + 0{,}65\sqrt{5080^2 + 22600^2}$ $= 1780 + 650\sqrt{25{,}8 + 510}$ $= 1780 + 650 \cdot 23{,}15$ $= 16800$	$W_b = 23{,}2$ $W_d = 46{,}4$	$\frac{5080}{23{,}2}$ $= 220$	$\frac{22600}{46{,}4}$ $= 490$	$\frac{16800}{23{,}2}$ $= 725$
29	dto.	Fall d	$= \frac{l_3}{l} \cdot Z_{d2} \cdot F \cdot Y_1$ $= \frac{12}{22} \cdot 8{,}6 \cdot 154 \cdot 3{,}25$ $= 2350$	$= (T_{d23} + T_{d4}) \cdot F \cdot r$ $= (10{,}4 + 3{,}6) \cdot 154 \cdot 7$ $= 15100$	$= 0{,}35 \cdot 2350 + 0{,}65\sqrt{2350^2 + 15100^2}$ $= 824 + 650\sqrt{5{,}52 + 228}$ $= 824 + 650 \cdot 15{,}28$ $= 10764$	$W_b = 23{,}2$ $W_d = 46{,}4$	$\frac{2350}{23{,}2}$ $= 101$	$\frac{15100}{46{,}4}$ $= 325$	$\frac{10764}{23{,}2}$ $= 465$
30	dto.	Fall e	$= \frac{l_3}{l} \cdot Z_{e2} \cdot F \cdot Y_1$ $= \frac{12}{22} \cdot 6 \cdot 154 \cdot 3{,}25$ $= 1640$	$= (T_{e23} + T_{e4}) \cdot F \cdot r$ $= (14{,}2 + 4) \cdot 154 \cdot 7$ $= 19600$	$= 0{,}35 \cdot 1640 + 0{,}65\sqrt{1640^2 + 19600^2}$ $= 575 + 650\sqrt{2{,}7 + 384}$ $= 575 + 650 \cdot 19{,}68$ $= 13375$	$W_b = 23{,}2$ $W_d = 46{,}4$	$\frac{1640}{23{,}2}$ $= 70$	$\frac{19600}{46{,}4}$ $= 420$	$\frac{13375}{23{,}2}$ $= 576$

1	2	3	4	5	6	7	8	9	10
Rechg. №	Zchg. Fig. Skizz. } №	Bemerkung.	M_b (cmkg)	M_d (cmkg).	M_i (cmkg).	$W_b = \frac{\pi}{32}\left(\frac{d^4-d'^4}{d}\right)$ $W_d = \frac{\pi}{16}\left(\frac{d^4-d'^4}{d}\right)$ cm³	k_b (kg/cm²) $= \frac{M_b}{W_b}$	k_d (kg/cm²) $= \frac{M_d}{W_d}$	k_i (kg/cm²) $= \frac{M_i}{W_b}$
31	Zchg. 19, " 20, Fig. 1, " 4	Erster Stern Kurbelzapfen Fall a	$\frac{Z_{a1} \cdot F \cdot l_1 \cdot l_2}{l'}$ $\frac{23 \cdot 154 \cdot 10 \cdot 8{,}85}{18{,}85}$ $= 16650$	$= \left(\frac{T_{a1}}{2} + T_{a23} + T_{a4}\right) \cdot F \cdot r$ $= \left(\frac{4}{2} + 14{,}2 + 6{,}8\right) \cdot 154 \cdot 7$ $= 24800$	$= 0{,}35 \cdot 16650 + 0{,}65\sqrt{16650^2 + 24800^2}$ $= 5840 + 650\sqrt{278 + 615}$ $= 5840 + 650 \cdot 29{,}9$ $= 25240$	$W_b = \frac{\pi}{32}\left(\frac{6{,}5^4-4^4}{6{,}5}\right)$ $= 23{,}2$ $W_d = \frac{\pi}{16}\left(\frac{6{,}5^4-4^4}{6{,}5}\right)$ $= 46{,}4$	$\frac{16650}{23{,}2}$ $= 720$	$\frac{24800}{46{,}4}$ $= 535$	$\frac{25240}{23{,}2}$ $= 1090$
32	dto.	Fall b	$\frac{Z_{b1} \cdot F \cdot l_1 \cdot l_2}{l'}$ $\frac{22{,}6 \cdot 154 \cdot 10 \cdot 8{,}85}{18{,}85}$ $= 16350$	$= \left(\frac{T_{b1}}{2} + T_{b23} + T_{b4}\right) \cdot F \cdot r$ $= \left(\frac{8{,}6}{2} + 12{,}5 + 5{,}5\right) \cdot 154 \cdot 7$ $= 24040$	$= 0{,}35 \cdot 16350 + 0{,}65\sqrt{16350^2 + 24040^2}$ $= 5720 + 650\sqrt{266 + 580}$ $= 5720 + 650 \cdot 29{,}05$ $= 24620$	$W_b = 23{,}2$ $W_d = 46{,}4$	$\frac{16350}{23{,}2}$ $= 705$	$\frac{24040}{46{,}4}$ $= 520$	$\frac{24620}{23{,}2}$ $= 1060$
33	dto. Fig. 3	Wellenzapfen Fall a	$= \frac{l_1}{l'} \cdot Z_{a1} \cdot F \cdot y$ $= \frac{10}{18{,}85} \cdot 23 \cdot 154 \cdot 2{,}1$ $= 3950$	$= (T_{a14} + T_{a23}) \cdot F \cdot r$ $= (10{,}4 + 14{,}2) \cdot 154 \cdot 7$ $= 26530$	$= 0{,}35 \cdot 3950 + 0{,}65\sqrt{3950^2 + 26530^2}$ $= 1380 + 650\sqrt{15{,}6 + 704}$ $= 1380 + 650 \cdot 26{,}8$ $= 18780$	$W_b = \frac{\pi}{32}\left(\frac{7^4-4{,}8^4}{7}\right)$ $= 26{,}2$ $W_d = \frac{\pi}{16}\left(\frac{7^4-4{,}8^4}{7}\right)$ $= 52{,}4$	$\frac{3950}{26{,}2}$ $= 150$	$\frac{26530}{52{,}4}$ $= 510$	$\frac{18780}{26{,}2}$ $= 850$
34	dto.	Fall b	$= \frac{l_1}{l'} \cdot Z_{b1} \cdot F \cdot y$ $= \frac{10}{18{,}85} \cdot 22{,}6 \cdot 154 \cdot 2{,}1$ $= 3880$	$= (T_{b14} + T_{b23}) \cdot F \cdot r$ $= (14{,}5 + 12{,}5) \cdot 154 \cdot 7$ $= 29100$	$= 0{,}35 \cdot 3880 + 0{,}65\sqrt{3880^2 + 29100^2}$ $= 1360 + 650\sqrt{15 + 848}$ $= 1360 + 650 \cdot 29{,}4$ $= 20460$	$W_b = 26{,}2$ $W_d = 52{,}4$	$\frac{3880}{26{,}2}$ $= 148$	$\frac{29100}{52{,}4}$ $= 555$	$\frac{20460}{26{,}2}$ $= 925$

Zusammenstellung der Kurbelwellenberechnungen

(Kurbelarme)

in Bezug auf k_{b1}, k_{b2}, k_d, k_{b1d}, k, k_i.

11	12	13	14	15	16	17	18	19	20	21	22
Rechg. №	Zchg. Fig. Skizz. No	Bemerkung.	M_{b_1} (cmkg)	M_{b_2} (cmkg)	M_d (cmkg)	$k_{b_1} = \frac{M_{b_1}}{W}$ (kg/cm²)	$k_{b_2} = \frac{M_{b_2}}{W}$ (kg/cm²)	$k_d = \frac{M_d}{W}$ (kg/cm²)	$k_{b+d} = 0{,}35 \cdot k_{b_1} + 0{,}65\sqrt{k_{b_1}^2 + 4 \cdot k_d^2}$ (kg/cm²)	k (kg/cm²)	$k_i = k_{b_1} + k_{b_2} + k$ (kg/cm²)
35	Zchg. 16 " 20 Fig. 1 " 2	Vierter Stern Kurbelarm Fall a	$= \frac{1}{2} \cdot R_{a4} \cdot F \cdot x_1$ $= \frac{1}{2} \cdot 22{,}6 \cdot 154 \cdot 4{,}5$ $= 7840$	$= \frac{1}{2} \cdot T_{a4} \cdot F \cdot m$ $= \frac{1}{2} \cdot 4 \cdot 154 \cdot 3{,}75$ $= 1155$	$= \frac{1}{2} \cdot T_{a4} \cdot F \cdot x_1$ $= \frac{1}{2} \cdot 4 \cdot 154 \cdot 4{,}5$ $= 1385$	$\frac{M_{b_1}}{\frac{1}{6} \cdot b^2 \cdot h}$ $\frac{7840 \cdot 6}{2{,}5^2 \cdot 7{,}5}$ $= 1000$	$\frac{M_{b_2}}{\frac{1}{6} \cdot b \cdot h^2}$ $\frac{1155 \cdot 6}{2{,}5 \cdot 7{,}5^2}$ $= 50$	$\frac{M_d}{\frac{2}{9} \cdot b^2 \cdot h}$ $\frac{1385 \cdot 9}{2 \cdot 2{,}5^2 \cdot 7{,}5}$ $= 133$	$= 0{,}35 \cdot 1000 + 0{,}65\sqrt{1000^2 + 4 \cdot 133^2}$ $= 350 + 65\sqrt{100 + 4 \cdot 1{,}77}$ $= 350 + 65 \cdot 10{,}38$ $= 1025$	$\frac{R_{a4} \cdot F}{2 \cdot b \cdot h}$ $\frac{22{,}6 \cdot 154}{2 \cdot 2{,}5 \cdot 7{,}5}$ $= 93$	1000 50 93 1143
36	dto.	Fall b	$= \frac{1}{2} \cdot R_{b4} \cdot F \cdot x_1$ $= \frac{1}{2} \cdot 21 \cdot 154 \cdot 4{,}5$ $= 7280$	$= \frac{1}{2} \cdot T_{b4} \cdot F \cdot m$ $= \frac{1}{2} \cdot 8{,}6 \cdot 154 \cdot 3{,}75$ $= 2480$	$= \frac{1}{2} \cdot T_{b4} \cdot F \cdot x_1$ $= \frac{1}{2} \cdot 8{,}6 \cdot 154 \cdot 4{,}5$ $= 2980$	$\frac{7280 \cdot 6}{2{,}5^2 \cdot 7{,}5}$ $= 930$	$\frac{2480 \cdot 6}{2{,}5 \cdot 7{,}5^2}$ $= 106$	$\frac{2980 \cdot 9}{2 \cdot 2{,}5^2 \cdot 7{,}5}$ $= 286$	$= 0{,}35 \cdot 930 + 0{,}65\sqrt{930^2 + 4 \cdot 286^2}$ $= 325 + 65\sqrt{86 + 32{,}8}$ $= 325 + 65 \cdot 10{,}9$ $= 1035$	$\frac{R_{b4} \cdot F}{2 \cdot b \cdot h}$ $\frac{21 \cdot 154}{2 \cdot 2{,}5 \cdot 7{,}5}$ $= 86$	930 106 86 1122
37	dto.	Fall c	$= \frac{1}{2} \cdot R_{c4} \cdot F \cdot x_1$ $= \frac{1}{2} \cdot 15{,}5 \cdot 154 \cdot 4{,}5$ $= 5370$	$= \frac{1}{2} \cdot T_{c4} \cdot F \cdot m$ $= \frac{1}{2} \cdot 10{,}6 \cdot 154 \cdot 3{,}75$ $= 3060$	$= \frac{1}{2} \cdot T_{c4} \cdot F \cdot x_1$ $= \frac{1}{2} \cdot 10{,}6 \cdot 154 \cdot 4{,}5$ $= 3680$	$\frac{5370 \cdot 6}{2{,}5^2 \cdot 7{,}5}$ $= 690$	$\frac{3060 \cdot 6}{2{,}5 \cdot 7{,}5^2}$ $= 131$	$\frac{3680 \cdot 9}{2 \cdot 2{,}5^2 \cdot 7{,}5}$ $= 354$	$= 0{,}35 \cdot 690 + 0{,}65\sqrt{690^2 + 4 \cdot 354^2}$ $= 240 + 65\sqrt{47{,}5 + 50}$ $= 240 + 65 \cdot 9{,}87$ $= 880$	$\frac{R_{c4} \cdot F}{2 \cdot b \cdot h}$ $\frac{15{,}5 \cdot 154}{2 \cdot 2{,}5 \cdot 7{,}5}$ $= 64$	690 131 64 885
38	dto.	Fall d	$= \frac{1}{2} \cdot R_{d4} \cdot F \cdot x_1$ $= \frac{1}{2} \cdot 5 \cdot 154 \cdot 4{,}5$ $= 1730$	$= \frac{1}{2} \cdot T_{d4} \cdot F \cdot m$ $= \frac{1}{2} \cdot 6{,}8 \cdot 154 \cdot 3{,}75$ $= 1965$	$= \frac{1}{2} \cdot T_{d4} \cdot F \cdot x_1$ $= \frac{1}{2} \cdot 6{,}8 \cdot 154 \cdot 4{,}5$ $= 2360$	$\frac{1730 \cdot 6}{2{,}5^2 \cdot 7{,}5}$ $= 222$	$\frac{1965 \cdot 6}{2{,}5 \cdot 7{,}5^2}$ $= 84$	$\frac{2360 \cdot 9}{2 \cdot 2{,}5^2 \cdot 7{,}5}$ $= 226$	$= 0{,}35 \cdot 222 + 0{,}65\sqrt{222^2 + 4 \cdot 226^2}$ $= 78 + 65\sqrt{4{,}9 + 20{,}4}$ $= 78 + 65 \cdot 5{,}02$ $= 408$	$\frac{R_{d4} \cdot F}{2 \cdot b \cdot h}$ $\frac{5 \cdot 154}{2 \cdot 2{,}5 \cdot 7{,}5}$ $= 20{,}5$	222 84 20,5 326,5
39	dto.	Fall e	$= \frac{1}{2} \cdot R_{e4} \cdot F \cdot x_1$ $= \frac{1}{2} \cdot 4{,}8 \cdot 154 \cdot 4{,}5$ $= 1660$	$= \frac{1}{2} \cdot T_{e4} \cdot F \cdot m$ $= \frac{1}{2} \cdot 3{,}6 \cdot 154 \cdot 3{,}75$ $= 1040$	$= \frac{1}{2} \cdot T_{e4} \cdot F \cdot x_1$ $= \frac{1}{2} \cdot 3{,}6 \cdot 154 \cdot 4{,}5$ $= 1250$	$\frac{1660 \cdot 6}{2{,}5^2 \cdot 7{,}5}$ $= 212$	$\frac{1040 \cdot 6}{2{,}5 \cdot 7{,}5^2}$ $= 45$	$\frac{1250 \cdot 9}{2 \cdot 2{,}5^2 \cdot 7{,}5}$ $= 120$	$= 0{,}35 \cdot 212 + 0{,}65\sqrt{212^2 + 4 \cdot 120^2}$ $= 74 + 65\sqrt{4{,}5 + 5{,}76}$ $= 74 + 65 \cdot 3{,}2$ $= 282$	$\frac{R_{e4} \cdot F}{2 \cdot b \cdot h}$ $\frac{4{,}8 \cdot 154}{2 \cdot 2{,}5 \cdot 7{,}5}$ $= 19{,}7$	212 45 20 277

11	12	13	14	15	16	17	18	19	20	21	22
Rechg. No	Zchg. Fig. Skizz. No	Bemerkung.	M_{b_1} (cmkg)	M_{b_2} (cmkg)	M_d (cmkg)	$k_{b_1} = \frac{M_{b_1}}{W}$ (kg/cm²)	$k_{b_2} = \frac{M_{b_2}}{W}$ (kg/cm²)	$k_d = \frac{M_d}{W}$ (kg/cm²)	$k_{b+d} = 0{,}35 \cdot k_{b_1} + 0{,}65\sqrt{k_{b_1}^2 + 4 \cdot k_d^2}$ (kg/cm²)	k (kg/cm²)	$k_i = k_{b_1} + k_{b_2} + k$ (kg/cm²)
40	Zchg. 17 " 20 Fig. 1 " 2	Dritter Stern. Kurbelarm Fall a	$= \frac{l_1}{l} \cdot R_{a3} \cdot F \cdot x_2$ $= \frac{10}{22} \cdot 22{,}6 \cdot 154 \cdot 6{,}5$ $= 10300$	$= \left(\frac{T_{a3}}{2} + T_{a4}\right) \cdot F \cdot m$ $= \left(\frac{4}{2} + 3{,}6\right) \cdot 154 \cdot 3{,}75$ $= 3240$	$= \frac{l_1}{l} \cdot T_{a3} \cdot F \cdot x_2$ $= \frac{10}{22} \cdot 4 \cdot 154 \cdot 6{,}5$ $= 1820$	$= \frac{10300 \cdot 6}{2{,}5^2 \cdot 7{,}5}$ $= 1300$	$= \frac{3240 \cdot 6}{2{,}5 \cdot 7{,}5^2}$ $= 138$	$= \frac{1820 \cdot 9}{2 \cdot 2{,}5^2 \cdot 7{,}5}$ $= 175$	$= 0{,}35 \cdot 1300 + 0{,}65\sqrt{1300^2 + 4 \cdot 175^2}$ $= 455 + 65\sqrt{169 + 12{,}2}$ $= 455 + 65 \cdot 13{,}45$ $= 1280$	$= \frac{R_{a3} \cdot l_1 \cdot F}{l \cdot b \cdot h}$ $= \frac{22{,}6 \cdot 10 \cdot 154}{22 \cdot 2{,}5 \cdot 7{,}5}$ $= 85$	1300 138 85 1525
41	dto.	Fall b	$= \frac{l_1}{l} \cdot R_{b3} \cdot F \cdot x_2$ $= \frac{10}{22} \cdot 21 \cdot 154 \cdot 6{,}5$ $= 9550$	$= \left(\frac{T_{b3}}{2} + T_{b4}\right) \cdot F \cdot m$ $= \left(\frac{8{,}6}{2} + 3{,}6\right) \cdot 154 \cdot 3{,}75$ $= 4560$	$= \frac{l_1}{l} \cdot T_{b3} \cdot F \cdot x_2$ $= \frac{10}{22} \cdot 8{,}6 \cdot 154 \cdot 6{,}5$ $= 3920$	$= \frac{9550 \cdot 6}{2{,}5^2 \cdot 7{,}5}$ $= 1220$	$= \frac{4560 \cdot 6}{2{,}5 \cdot 7{,}5^2}$ $= 195$	$= \frac{3920 \cdot 9}{2 \cdot 2{,}5^2 \cdot 7{,}5}$ $= 376$	$= 0{,}35 \cdot 1220 + 0{,}65\sqrt{1220^2 + 4 \cdot 376^2}$ $= 430 + 65\sqrt{149 + 56{,}6}$ $= 430 + 65 \cdot 14{,}3$ $= 1360$	$= \frac{R_{b3} \cdot l_1 \cdot F}{l \cdot b \cdot h}$ $= \frac{21 \cdot 10 \cdot 154}{22 \cdot 2{,}5 \cdot 7{,}5}$ $= 79$	1220 195 79 1494
42	dto.	Fall c	$= \frac{l_1}{l} \cdot R_{c3} \cdot F \cdot x_2$ $= \frac{10}{22} \cdot 15{,}5 \cdot 154 \cdot 6{,}5$ $= 7050$	$= \left(\frac{T_{c3}}{2} + T_{c4}\right) \cdot F \cdot m$ $= \left(\frac{10{,}6}{2} + 4\right) \cdot 154 \cdot 3{,}75$ $= 5370$	$= \frac{l_1}{l} \cdot T_{c3} \cdot F \cdot x_2$ $= \frac{10}{22} \cdot 10{,}6 \cdot 154 \cdot 6{,}5$ $= 4820$	$= \frac{7050 \cdot 6}{2{,}5^2 \cdot 7{,}5}$ $= 900$	$= \frac{5370 \cdot 6}{2{,}5 \cdot 7{,}5^2}$ $= 230$	$= \frac{4820 \cdot 9}{2 \cdot 2{,}5^2 \cdot 7{,}5}$ $= 460$	$= 0{,}35 \cdot 900 + 0{,}65\sqrt{900^2 + 4 \cdot 460^2}$ $= 315 + 65\sqrt{81 + 84}$ $= 315 + 65 \cdot 12{,}83$ $= 1150$	$= \frac{R_{c3} \cdot l_1 \cdot F}{l \cdot b \cdot h}$ $= \frac{15{,}5 \cdot 10 \cdot 154}{22 \cdot 2{,}5 \cdot 7{,}5}$ $= 58$	900 230 58 1188
43	dto.	Fall d	$= \frac{l_1}{l} \cdot R_{d3} \cdot F \cdot x_2$ $= \frac{10}{22} \cdot 5 \cdot 154 \cdot 6{,}5$ $= 2280$	$= \left(\frac{T_{d3}}{2} + T_{d4}\right) \cdot F \cdot m$ $= \left(\frac{6{,}8}{2} + 10{,}6\right) \cdot 154 \cdot 3{,}75$ $= 8100$	$= \frac{l_1}{l} \cdot T_{d3} \cdot F \cdot x_2$ $= \frac{10}{22} \cdot 6{,}8 \cdot 154 \cdot 6{,}5$ $= 3100$	$= \frac{2280 \cdot 6}{2{,}5^2 \cdot 7{,}5}$ $= 290$	$= \frac{8100 \cdot 6}{2{,}5 \cdot 7{,}5^2}$ $= 346$	$= \frac{3100 \cdot 9}{2 \cdot 2{,}5^2 \cdot 7{,}5}$ $= 300$	$= 0{,}35 \cdot 290 + 0{,}65\sqrt{290^2 + 4 \cdot 300^2}$ $= 100 + 65\sqrt{8{,}4 + 36}$ $= 100 + 65 \cdot 6{,}66$ $= 535$	$= \frac{R_{d3} \cdot l_1 \cdot F}{l \cdot b \cdot h}$ $= \frac{5 \cdot 10 \cdot 154}{22 \cdot 2{,}5 \cdot 7{,}5}$ $= 19$	290 346 19 655
44	dto.	Fall e	$= \frac{l_1}{l} \cdot R_{e3} \cdot F \cdot x_2$ $= \frac{10}{22} \cdot 4{,}8 \cdot 154 \cdot 6{,}5$ $= 2180$	$= \left(\frac{T_{e3}}{2} + T_{e4}\right) \cdot F \cdot m$ $= \left(\frac{3{,}6}{2} + 6{,}8\right) \cdot 154 \cdot 3{,}75$ $= 4970$	$= \frac{l_1}{l} \cdot T_{e3} \cdot F \cdot x_2$ $= \frac{10}{22} \cdot 3{,}6 \cdot 154 \cdot 6{,}5$ $= 1640$	$= \frac{2180 \cdot 6}{2{,}5^2 \cdot 7{,}5}$ $= 280$	$= \frac{4970 \cdot 6}{2{,}5 \cdot 7{,}5^2}$ $= 212$	$= \frac{1640 \cdot 9}{2 \cdot 2{,}5^2 \cdot 7{,}5}$ $= 158$	$= 0{,}35 \cdot 280 + 0{,}65\sqrt{280^2 + 4 \cdot 158^2}$ $= 98 + 65\sqrt{7{,}82 + 10}$ $= 98 + 65 \cdot 4{,}22$ $= 378$	$= \frac{R_{e3} \cdot l_1 \cdot F}{l \cdot b \cdot h}$ $= \frac{4{,}8 \cdot 10 \cdot 154}{22 \cdot 2{,}5 \cdot 7{,}5}$ $= 18$	280 212 18 510

11	12	13	14	15	16	17	18	19	20	21	22
Rechg. No	Zchg. Fig. Skizz. No	Bemerkung.	M_{b_1} (cmkg)	M_{b_2} (cmkg)	M_d (cmkg)	$k_{b_1} = \frac{M_{b_1}}{W}$ (kg/cm²)	$k_{b_2} = \frac{M_{b_2}}{W}$ (kg/cm²)	$k_d = \frac{M_d}{W}$ (kg/cm²)	$k_{b+d} = 0{,}35 \cdot k_{b_1} + 0{,}65 \sqrt{k_{b_1}^2 + 4 k_d^2}$ (kg/cm²)	k (kg/cm²)	$k_1 = k_{b_1} + k_{b_2} + k$ (kg/cm²)
45	Zchg. 18 " 20 Fig. 1 " 2	Zweiter Stern Kurbelarm Fall a	$= \frac{l_3}{l} \cdot R_{a2} \cdot F \cdot x_1$ $= \frac{12}{22} \cdot 22{,}6 \cdot 154 \cdot 4{,}5$ $= 8550$	$= \left(\frac{T_{a2}}{2} + T_{a3} + T_{a4}\right) \cdot F \cdot m$ $= \left(\frac{4}{2} + 4{,}8 + 19{,}6\right) \cdot 154 \cdot 3{,}75$ $= 11215$	$= \frac{l_3}{l} \cdot T_{a2} \cdot F \cdot x_1$ $= \frac{12}{22} \cdot 4 \cdot 154 \cdot 4{,}5$ $= 1520$	$\frac{8550 \cdot 6}{2{,}5^2 \cdot 7{,}5}$ $= 1100$	$\frac{11215 \cdot 6}{2{,}5 \cdot 7{,}5^2}$ $= 480$	$\frac{1520 \cdot 9}{2 \cdot 2{,}5^2 \cdot 7{,}5}$ $= 146$	$= 0{,}35 \cdot 1100 + 0{,}65 \sqrt{1100^2 + 4 \cdot 146^2}$ $= 385 + 65 \sqrt{121 + 8{,}6}$ $= 385 + 65 \cdot 11{,}35$ $= 1120$	$\frac{R_{a2} \cdot l_3 \cdot F}{l \cdot b \cdot h}$ $\frac{22{,}6 \cdot 12 \cdot 154}{22 \cdot 2{,}5 \cdot 7{,}5}$ $= 103$	1100 480 103 1683
46	dto.	Fall b	$= \frac{l_3}{l} \cdot R_{b2} \cdot F \cdot x_1$ $= \frac{12}{22} \cdot 21 \cdot 154 \cdot 4{,}5$ $= 7950$	$= \left(\frac{T_{b2}}{2} + T_{b3} + T_{b4}\right) \cdot F \cdot m$ $= \left(\frac{8{,}6}{2} + 5{,}5 + 9{,}5\right) \cdot 154 \cdot 3{,}75$ $= 11150$	$= \frac{l_3}{l} \cdot T_{b2} \cdot F \cdot x_1$ $= \frac{12}{22} \cdot 8{,}6 \cdot 154 \cdot 4{,}5$ $= 3260$	$\frac{7950 \cdot 6}{2{,}5^2 \cdot 7{,}5}$ $= 1020$	$\frac{11150 \cdot 6}{2{,}5 \cdot 7{,}5^2}$ $= 475$	$\frac{3260 \cdot 9}{2 \cdot 2{,}5^2 \cdot 7{,}5}$ $= 313$	$= 0{,}35 \cdot 1020 + 0{,}65 \sqrt{1020^2 + 4 \cdot 313^2}$ $= 358 + 65 \sqrt{104 + 39}$ $= 358 + 65 \cdot 12$ $= 1138$	$\frac{R_{b2} \cdot l_3 \cdot F}{l \cdot b \cdot h}$ $\frac{21 \cdot 12 \cdot 154}{22 \cdot 2{,}5 \cdot 7{,}5}$ $= 94$	1020 475 94 1589
47	dto.	Fall c	$= \frac{l_3}{l} \cdot R_{c2} \cdot F \cdot x_1$ $= \frac{12}{22} \cdot 15{,}5 \cdot 154 \cdot 4{,}5$ $= 5860$	$= \left(\frac{T_{c2}}{2} + T_{c3} + T_{c4}\right) \cdot F \cdot m$ $= \left(\frac{10{,}6}{2} + 3{,}6 + 6{,}8\right) \cdot 154 \cdot 3{,}75$ $= 9100$	$= \frac{l_3}{l} \cdot T_{c2} \cdot F \cdot x_1$ $= \frac{12}{22} \cdot 10{,}6 \cdot 154 \cdot 4{,}5$ $= 4000$	$\frac{5860 \cdot 6}{2{,}5^2 \cdot 7{,}5}$ $= 750$	$\frac{9100 \cdot 6}{2{,}5 \cdot 7{,}5^2}$ $= 390$	$\frac{4000 \cdot 9}{2 \cdot 2{,}5^2 \cdot 7{,}5}$ $= 384$	$= 0{,}35 \cdot 750 + 0{,}65 \sqrt{750^2 + 4 \cdot 384^2}$ $= 260 + 65 \sqrt{56 + 59}$ $= 260 + 65 \cdot 10{,}7$ $= 960$	$\frac{R_{c2} \cdot l_3 \cdot F}{l \cdot b \cdot h}$ $\frac{15{,}5 \cdot 12 \cdot 154}{22 \cdot 2{,}5 \cdot 7{,}5}$ $= 70$	750 390 70 1210
48	dto.	Fall d	$= \frac{l_3}{l} \cdot R_{d2} \cdot F \cdot x_1$ $= \frac{12}{22} \cdot 5 \cdot 154 \cdot 4{,}5$ $= 1890$	$= \left(\frac{T_{d2}}{2} + T_{d3} + T_{d4}\right) \cdot F \cdot m$ $= \left(\frac{6{,}8}{2} + 4 + 3{,}6\right) \cdot 154 \cdot 3{,}75$ $= 6360$	$= \frac{l_3}{l} \cdot T_{d2} \cdot F \cdot x_1$ $= \frac{12}{22} \cdot 6{,}8 \cdot 154 \cdot 4{,}5$ $= 2570$	$\frac{1890 \cdot 6}{2{,}5^2 \cdot 7{,}5}$ $= 242$	$\frac{6360 \cdot 6}{2{,}5 \cdot 7{,}5^2}$ $= 272$	$\frac{2570 \cdot 9}{2 \cdot 2{,}5^2 \cdot 7{,}5}$ $= 246$	$= 0{,}35 \cdot 242 + 0{,}65 \sqrt{242^2 + 4 \cdot 246^2}$ $= 85 + 65 \sqrt{5{,}85 + 24}$ $= 85 + 65 \cdot 5{,}46$ $= 440$	$\frac{R_{d2} \cdot l_3 \cdot F}{l \cdot b \cdot h}$ $\frac{5 \cdot 12 \cdot 154}{22 \cdot 2{,}5 \cdot 7{,}5}$ $= 24$	242 272 24 538
49	dto.	Fall e	$= \frac{l_3}{l} \cdot R_{e2} \cdot F \cdot x_1$ $= \frac{12}{22} \cdot 4{,}8 \cdot 154 \cdot 4{,}5$ $= 1820$	$= \left(\frac{T_{e2}}{2} + T_{e3} + T_{e4}\right) \cdot F \cdot m$ $= \left(\frac{3{,}6}{2} + 19{,}6 + 4\right) \cdot 154 \cdot 3{,}75$ $= 9500$	$= \frac{l_3}{l} \cdot T_{e2} \cdot F \cdot x_1$ $= \frac{12}{22} \cdot 3{,}6 \cdot 154 \cdot 4{,}5$ $= 1360$	$\frac{1820 \cdot 6}{2{,}5^2 \cdot 7{,}5}$ $= 233$	$\frac{9500 \cdot 6}{2{,}5 \cdot 7{,}5^2}$ $= 406$	$\frac{1360 \cdot 9}{2 \cdot 2{,}5^2 \cdot 7{,}5}$ $= 130$	$= 0{,}35 \cdot 233 + 0{,}65 \sqrt{233^2 + 4 \cdot 130^2}$ $= 82 + 65 \sqrt{5{,}4 + 6{,}8}$ $= 82 + 65 \cdot 3{,}5$ $= 312$	$\frac{R_{e2} \cdot l_3 \cdot F}{l \cdot b \cdot h}$ $\frac{4{,}8 \cdot 12 \cdot 154}{22 \cdot 2{,}5 \cdot 7{,}5}$ $= 22$	233 406 22 661

11	12	13	14	15	16	17	18	19	20	21	22
Rechg. No	Zchg. Fig. Skizz. } No	Bemerkung.	M_{b_1} (cmkg)	M_{b_2} (cmkg)	M_d (cmkg)	$k_{b_1} = \frac{M_{b_1}}{W}$ (kg/cm²)	$k_{b_2} = \frac{M_{b_2}}{W}$ (kg/cm²)	$k_d = \frac{M_d}{W}$ (kg/cm²)	$k_{brd} = 0{,}35 \cdot k_{b_1} + 0{,}65\sqrt{k_{b_1}^2 + 4 \cdot k_d^2}$ (kg/cm²)	k (kg/cm²)	$k_i = k_{b_1} + k_{b_2} + k$ (kg/cm²)
50	Zchg. 19 " 20 Fig. 1 " 2	Erster Stern Kurbelarm Fall a	$= \frac{l_1}{l'} R_{a_1} \cdot F \cdot x_1$ $= \frac{10}{18{,}85} \cdot 22{,}6 \cdot 154 \cdot 3{,}35$ $= 6380$	$= \left(\frac{T_{a_1}}{2} + T_{a_{23}} + T_{a_4}\right) \cdot F \cdot m$ $= \left(\frac{4}{2} + 14{,}2 + 4{,}8\right) \cdot 154 \cdot 3{,}75$ $= 13300$	$= \frac{l_1}{l'} \cdot T_{a_1} \cdot F \cdot x$ $= \frac{10}{18{,}86} \cdot 4 \cdot 154 \cdot 3{,}35$ $= 1130$	$\frac{6380 \cdot 6}{2{,}5^2 \cdot 7{,}5}$ $= 820$	$\frac{13300 \cdot 6}{2{,}5 \cdot 7{,}5^2}$ $= 570$	$\frac{1130 \cdot 9}{2 \cdot 2{,}5^2 \cdot 7{,}5}$ $= 108$	$= 0{,}35 \cdot 820 + 0{,}65\sqrt{820^2 + 4 \cdot 108^2}$ $= 285 + 65\sqrt{67 + 4{,}7}$ $= 285 + 65 \cdot 8{,}46$ $= 835$	$\frac{R_{a_1} \cdot l_1 \cdot F}{l' \cdot b \cdot h}$ $\frac{22{,}6 \cdot 10 \cdot 154}{18{,}86 \cdot 2{,}5 \cdot 7{,}5}$ $= 98$	820 570 98 1488
51	dto.	Fall b	$= \frac{l_1}{l'} R_{b_1} \cdot F \cdot x_1$ $= \frac{10}{18{,}85} \cdot 21 \cdot 154 \cdot 3{,}35$ $= 5930$	$= \left(\frac{T_{b_1}}{2} + T_{b_{23}} + T_{b_4}\right) \cdot F \cdot m$ $= \left(\frac{18{,}6}{2} + 12{,}5 + 5{,}5\right) \cdot 154 \cdot 3{,}75$ $= 12900$	$= \frac{l_1}{l'} \cdot T_{b_1} \cdot F \cdot x$ $= \frac{10}{18{,}85} \cdot 8{,}6 \cdot 154 \cdot 3{,}35$ $= 2420$	$\frac{5930 \cdot 6}{2{,}5^2 \cdot 7{,}5}$ $= 760$	$\frac{12900 \cdot 6}{2{,}5 \cdot 7{,}5^2}$ $= 550$	$\frac{2420 \cdot 9}{2 \cdot 2{,}5^2 \cdot 7{,}5}$ $= 232$	$= 0{,}35 \cdot 760 + 0{,}65\sqrt{760^2 + 4 \cdot 232^2}$ $= 268 + 65\sqrt{58 + 21{,}6}$ $= 268 + 65 \cdot 8{,}9$ $= 848$	$\frac{R_{b_1} \cdot l_1 \cdot F}{l' \cdot b \cdot h}$ $\frac{21 \cdot 10 \cdot 154}{18{,}85 \cdot 2{,}5 \cdot 7{,}5}$ $= 92$	760 550 92 1402

Zusammenstellung der Kurbelwellenberechnungen

in Bezug auf maximalen spezifischen Flächendruck q.

23	24	25	26	27	28	29
			Kolbendrücke		Flächendrücke.	
Rechg. No	Zchg. Fig. Skizz. } No	Bemerkung	Für Kurbelzapfen. Z (kg/cm²)	Für Wellenzapfen. Q (kg/cm²)	Für Kurbelzapfen. $q_1 = \frac{Z \cdot F}{d \cdot l}$ (kg/cm²)	Für Wellenzapfen. $q_2 = \frac{Q \cdot F}{d \cdot l}$ (kg/cm²)
52		Kurbelzapfen aller vier Sterne.	$Z_{a1} = Z_{a2} = Z_{a3} = Z_{a4} = 23$		$\frac{23 \cdot 154}{6{,}5 \cdot 8{,}5} = 64$	
53	Zchg. 16	Hinterer Wellenzapfen		$Q_4 = \frac{Z_{a4}}{2} = 11{,}5$		$\frac{11{,}5 \cdot 154}{6{,}5 \cdot 7{,}2} = 38$
54	Zchg. 17 Zchg. 21. Fig. 1	Wellenzapfen zwischen dem dritten u. vierten Stern.		$Q_{34} = 10{,}2$		$\frac{10{,}2 \cdot 154}{6{,}5 \cdot 6{,}5} = 37{,}2$
55	Zchg. 18 Zchg. 21. Fig. 2	Wellenzapfen zwischen dem zweiten u. dritten Stern.		$Q_{23} = 13{,}6$		$\frac{13{,}6 \cdot 154}{6{,}5 \cdot 10{,}5} = 33{,}5$
56	Zchg. 19 Zchg. 21. Fig. 3	Wellenzapfen zwischen dem ersten u. zweiten Stern.		$Q_{12} = 10$		$\frac{10 \cdot 154}{6{,}5 \cdot 6{,}5} = 36{,}5$
57	Zchg. 19	Vorderer Wellenzapfen.		$Q_1 = \frac{l_0}{l'} \cdot Z_{a1} = \frac{10}{18{,}85} \cdot 23 = 12{,}2$		Kugellager.

Zusammenstellung der Kurbelwellenberechnungen

in Bezug auf spezifische Reibungsarbeit Ar.

30	31	32	33	34	35	36	37	38	39	40	41	42	43	44
Rchg. No	Zchg. / Fig. / Skizz. No	Bemerkung	$v = \frac{d \cdot \pi \cdot n}{60}$ (m/sek)	Mittl. Kolbendruck für Kurbelzapfen. $p_{mk} = \frac{p_{m8} + p_{m7} + p_{m11} + p_{m16}}{4}$ (kg/cm²)	Mittl. Kolbendruck für Wellenzapfen. (kg/cm²)				Mittl. spezif. Flächendruck f. Kurbelzapf. $k_{mk} = \frac{p_{mk} \cdot F}{d \cdot l_s}$ (kg/cm²)	Mittlerer spezifischer Flächendruck für Wellenzapfen. (kg/cm²)				$A_r = k_m \cdot v$ (mkg/sek)
					p_{m4}	$p_{m34} = p_{m12}$	p_{m23}	p_{m1}		$k_{m4} = \frac{p_{m4} \cdot F}{d \cdot l}$	$k_{m34} = k_{m12} = \frac{p_{m34} \cdot F}{d \cdot l}$	$k_{m23} = \frac{p_{m23} \cdot F}{d \cdot l}$	$k_{m1} = \frac{p_{m1} \cdot F}{d \cdot l}$	
58	Zchg. 22 siehe auch Zchg. 14	Kurbelzapfen aller vier Sterne.	$\frac{0{,}065 \cdot \pi \cdot 2000}{60}$ $= 6{,}8$	$\frac{3{,}96 + 2{,}72 + 9{,}32 + 3{,}64}{4}$ $= \frac{19{,}64}{4} = 4{,}9$					$\frac{4{,}9 \cdot 154}{6{,}5 \cdot 8{,}5}$ $= 13{,}7$					$= 13{,}7 \cdot 6{,}8$ $= 91$
59	Zchg. 20 Fig. 1 u. 9.	Hinterer Wellenzapfen	6,8		$= \frac{p_{mk}}{2}$ $= \frac{4{,}9}{2}$ $= 2{,}45$					$\frac{2{,}45 \cdot 154}{6{,}5 \cdot 7{,}2}$ $= 8$				$= 8 \cdot 6{,}8$ $= 54{,}4$
60	Zchg. 23 " 20 Fig. 1 " 7	Wellenzapfen zwischen dem dritten u. vierten Stern. 	6,8			2,1					$\frac{2{,}1 \cdot 154}{6{,}5 \cdot 6{,}5}$ $= 7{,}65$			$= 7{,}65 \cdot 6{,}8$ $= 52$
61	Zchg. 24 " 20 Fig. 1 " 5	Wellenzapfen zwischen dem zweit. u. dritten Stern. 	6,8				8,9					$\frac{8{,}9 \cdot 154}{6{,}5 \cdot 10{,}5}$ $= 20$		$= 20 \cdot 6{,}8$ $= 136$
62		Wellenzapf. zwisch. d. erst. u. zweiten Stern wie Rchg. 60	6,8			2,1					7,65			52
63		Vorderer Wellenzapfen.	$\frac{0{,}07 \cdot \pi \cdot 2000}{60}$ $= 7{,}34$					$= \frac{p_{mk}}{2}$ $= 2{,}45$					Kugellager.	Kugellager.

Bemerkungen zur
Zusammenstellung der Kurbelwellenberechnungen
(Kurbelzapfen und Wellenzapfen)
in bezug auf k_b, k_d, k_i.

Zu Rechnung 1—10.

Die Kurbel- und Wellenzapfenberechnung des vierten Sternes baut auf den Ergebnissen der Zeichnung Nr. 16 auf. Aus ihr wurden die 5 verschiedenen Fälle a bis e entnommen, und es wird untersucht, welcher die größten Beanspruchungen für die Kurbel- und Wellenzapfen ergibt.

Die rechnerische Durchführung soll aber hier nur für Fall a besprochen werden. Für die übrigen ist wegen der Gleichartigkeit der Berechnung eine wiederholte Besprechung überflüssig.

Der Fall a zerfällt in die Berechnung der Kurbelzapfen (Rechnung 1) und die des Wellenzapfens (Rechnung 6).

Zu Rechnung 1: Die Beanspruchung des Kurbelzapfens (Fig. 1 und 8 Zeichnung Nr. 20) zerfällt in Biegung und Drehung.

Das Biegungsmoment M_b ergibt sich nach der Biegungsformel für frei aufliegende Träger, die von einer nicht in der Mitte angreifenden Einzellast beansprucht werden. Die Formel ist in Spalte 4 angegeben.

Das Drehmoment M_d ist nach der einfachen Torsionsformel in Spalte 5 angegeben.

Aus beiden, M_b und M_d, ist M_i nach der bekannten Formel zur Ermittlung des ideellen Biegungsmomentes (Spalte 6) entwickelt.

In Spalte 7 sind die Widerstandsmomente der in Frage kommenden Querschnitte in bezug auf Biegung und Drehung berechnet.

In Spalte 8, 9 und 10 sind die Beanspruchungen k_b, k_d und k_i in bekannter Weise aus den Biegungs- und Widerstandsmomenten ermittelt.

Zu Rechnung 6: Die Beanspruchung des Wellenzapfens (Fig. 1 und 7 Zeichnung Nr. 20) zerfällt in Biegung und Drehung.

Das Biegungsmoment M_b ergibt sich nach der Biegungsformel für einen freien, einseitig eingespannten Träger, der von einer Einzellast beansprucht wird. Sie ergibt sich durch Zerlegung der Kurbelwellenbeanspruchung Za_4. Da die beiden Werte l_1 und l_4 fast gleich sind, ist Za_4 in zwei Teile zerlegt. Es kommt also $\frac{Za_4}{2}$ in Betracht. Dies wirkt an dem Arm y_1 (Spalte 4).

Das Drehmoment M_d nach der einfachen Torsionsformel ist in Spalte 5 angegeben.

Die weitere Ermittlung von M_i, W_b, W_d, k_b, k_d und k_i ist vollkommen gleich wie in Rechnung 1.

Zu Rechnung 11—20.

Die Kurbel- und Wellenzapfenberechnung des dritten Sternes baut auf den Ergebnissen der Zeichnung Nr. 17 auf. Auch aus ihr wurden die fünf verschiedenen Fälle a bis e entnommen, um zu untersuchen, welcher die größten Beanspruchungen für Kurbel- und Wellenzapfen ergibt.

Die rechnerische Durchführung soll auch hier nur für Fall a besprochen werden.

Zu Rechnung 11: Das Biegungsmoment M_b (s. Zeichnung Nr. 20 Fig. 1 und 6) wird entsprechend Rechnung 1 ermittelt (Spalte 4).

Das Drehmoment M_d errechnet sich nach Spalte 5. In der Formel müssen jedoch hier nicht nur $\frac{Ta_3}{2}$ sondern auch die im vorhergehenden Stern wirkende Tangentialkraft Ta_4 eingesetzt werden.

Alle übrigen Ermittlungen der Rechnung 11 bleiben gleich der von 1.

Zu Rechnung 16: Das Biegungsmoment M_b (s. Zeichnung Nr. 20 Fig. 1 und 5) ergibt sich nach der bei Rechnung 6 besprochenen Formel. Die auch hier notwendige Zerlegung der auf den Kurbelzapfen wirkenden Kraft Za_3 ergibt für die Wellenberechnung $\frac{l_1}{l} \cdot Za_3$. Diese Kraft wirkt an dem Arm y_2 (Spalte 4).

Das Drehmoment (Spalte 5) muß hier die zwei Tangentialkräfte Ta_3 und Ta_4 berücksichtigen.

Die weiteren Ermittlungen sind aus Rechnung 16 zu ersehen und sind alle gleich jenen von Rechnung 6 bezw. 1.

Zu Rechnung 21—30.

Die Kurbel- und Wellenzapfenberechnung des zweiten Sternes baut auf den Ergebnissen der Zeichnung Nr. 18 auf. Auch bei ihr wurde untersucht, welcher der fünf Fälle die größte Beanspruchung ergibt.

Zu Rechnung 21: Das Biegungsmoment M_b (s. Zeichnung Nr. 20 Fig. 1 und 4) wird entsprechend Rechnung 1 ermittelt (Spalte 4).

Das Drehmoment M_d errechnet sich nach Spalte 5. In die Formel muß jedoch hier nicht nur $\frac{T_{a2}}{2}$, sondern auch die in den vorhergehenden Sternen wirkenden Tangentialkräfte T_{a3} und T_{a4} eingesetzt werden.

Alle übrigen Ermittlungen der Rechnung 21 bleiben gleich der von 1.

Zu Rechnung 26: Das Biegungsmoment M_b (s. Zeichnung Nr. 20 Fig. 1 und 4) ergibt sich nach der bei Rechnung 6 besprochenen Formel. Die Zerlegung der hier wirkenden Kurbelkraft Z_{a2}, ergibt für die Wellenberechnung $\frac{l_3}{l} \cdot Z_{a2}$. Diese Kraft wirkt an dem Arm y_1 (Spalte 4).

Das Drehmoment (Spalte 5) muß hier die drei Tangentialkräfte T_{a2}, T_{a3}, T_{a4} berücksichtigen. T_{a2} und T_{a3} sind bereits in Zeichnung Nr. 18 zu T_{a23} zusammengesetzt.

Die weiteren Ermittlungen sind aus Rechnung 26 zu ersehen und sind gleich wie bei Rechnung 6 bezw. 1.

Zu Rechnung 31—34.

Die Kurbel- und Wellenzapfenberechnung des ersten Sternes baut auf den Ergebnissen der Zeichnung Nr. 19 auf. Hier gibt es nur zwei verschiedene Fälle, die zur Untersuchung für die größere Beanspruchung in Frage kommen.

Zu Rechnung 31: Das Biegungsmoment M_b (s. Zeichnung Nr. 20 Fig. 1 und 4) wird entsprechend Rechnung 1 ermittelt (Spalte 4).

Das Drehmoment M_d errechnet sich nach Spalte 5. In die Formel muß hier jedoch nicht nur $\frac{T_{a1}}{2}$ sondern auch die in den vorhergehenden Sternen wirkenden Tangentialkräfte T_{a2}, T_{a3} und T_{a4} eingesetzt werden.

T_{a2} und T_{a3} sind schon in Zeichnung Nr. 19 zu T_{a23} zusammengesetzt.

Alle übrigen Ermittlungen der Rechnung 31 bleiben gleich der von 1.

Zu Rechnung 33: Das Biegungsmoment M_b (s. Zeichnung Nr. 20 Fig. 1 und 3) ergibt sich nach der bei Rechnung 6 besprochenen Formel. Die Zerlegung der hier wirkenden Kraft Z_{a1} ergibt für die Wellenberechnung $\frac{l_1}{l'} \cdot Z_{a1}$. Diese Kraft wirkt an dem Arm y (Spalte 4).

Das Drehmoment (Spalte 5) muß hier die vier Tangentialkräfte T_{a1}, T_{a2}, T_{a3} und T_{a4} berücksichtigen. T_{a1} und T_{a4}, sowie T_{a2} und T_{a3} sind bereits in Zeichnung Nr. 19 zu T_{a14} bezw. T_{a23} zusammengesetzt.

Die weiteren Ermittlungen sind aus Rechnung 33 zu ersehen und sind gleich wie bei Rechnung 6 bezw. 1.

Bemerkungen zur
Zusammenstellung der Kurbelwellenberechnungen

(Kurbelarme)

in bezug auf k_{b1}, k_{b2}, k_d, k_{b1d}, k und k_i

Zu Rechnung 35—39.

Die Berechnung der Arme des 4. Sternes baut auf den Ergebnissen der Zeichnung Nr. 16 auf. Aus ihr wurden die fünf verschiedenen Fälle a bis e entnommen, und es wird untersucht, welcher die größten Beanspruchungen für den übertragenden Kurbelarm ergibt.

Auch hier soll die rechnerische Durchführung nur für Fall a erfolgen.

Zu Rechnung 35: Die Beanspruchungen des Armes (Zeichnung Nr. 20 Fig. 1 und 2) zerfallen in zwei Arten von Biegung, M_{b1} (über Flachkante) und M_{b2} (über Hochkante) und in Drehung M_d.

Das Biegungsmoment M_{b1} setzt sich aus der halben radialen Kraft von R_4 und dem zugehörigen Hebelarm x_1, der von Mitte Wellenzapfen bis Mitte Kurbelarm gerechnet ist, zusammen (Spalte 14).

Das Biegungsmoment M_{b2} setzt sich aus der halben Tangentialkraft von Ta_4 und dem Arm m zusammen (Spalte 15)

Das Drehmoment M_d setzt sich aus der halben Tangentialkraft von Ta_4 und dem Hebelarm x_1 zusammen (Spalte 16).

Aus den Biegungsmomenten M_{b1} und M_{b2} wird in den Spalten 17 und 18 die Beanspruchung k_{b1} und k_{b2} ermittelt.

Aus dem Drehmoment M_d wird (in Spalte 19) k_d gefunden.

Aus k_{d1} und k_b wird nach der in Spalte 20 angegebenen Forme k_{b1d} errechnet.

In Spalte 21 ist k der Druck, aus der halben Radialkraft von Ra_4 berechnet.

In Spalte 22 erfolgt die Zusammenziehung von k_{b1}, k_{b2} und k zur ideellen Beanspruchung k_i.

Zu Rechnung 40—44.

Die Berechnung der Arme des dritten Sternes baut auf den Ergebnissen der Zeichnung Nr. 17 auf. Auch aus ihr wurden fünf verschiedene Fälle entnommen, um zu untersuchen, welcher die größten Beanspruchungen für den Kurbelarm ergibt. Die Rechnung ist jedoch nur für Fall a durchgeführt.

Zu Rechnung 40: Die Berechnungen des Armes (Zeichnung Nr. 20 Fig. 1 und 2) sind gleichartig wie in Rechnung 35.

Das Biegungsmoment M_{b1} setzt sich aber hier aus der auf den Kurbelarm 3 wirkenden radialen Kraft Ra_3, die für den Wellenzapfen durch Multiplikation mit dem Verhältnis $\frac{l_1}{l}$ übersetzt werden muß, und dem zugehörigen Hebelarm x_2 zusammen (Spalte 14).

Das Biegungsmoment M_{b2} (Spalte 15) setzt sich aus der halben Tangentialkraft $\frac{Ta_3}{2}$, die um die vorherwirkende Tangentialkraft Ta_4 vermehrt werden muß, und dem Arm m zusammen.

Das Drehmoment M_d setzt sich hier aus der auf den Wellenzapfen reduzierten Tangentialkraft Ta_3, d. i. $\frac{l_1}{l} \cdot Ta_3$ und dem zugehörigen Arm x_2 zusammen (Spalte 16).

Die Berechnung von k_{b1} und k_{b2} geschieht in den Spalten 17 bezw. 18 und ist gleich der in Rechnung 35.
Dasselbe gilt von k_d (Spalte 19).
Auch die Errechnung von k_{b1d} (Spalte 20) bleibt sinngemäß gleich.

In Spalte 21 ist der Druck k aus der entsprechend übersetzten Radialkraft Ra_3, d. i. aus $\frac{l_1}{l} \cdot Ra_3$, ermittelt.

In Spalte 22 erfolgt die Zusammenziehung zu k_i wie in Rechnung 35.

Zu Rechnung 45—49.

Die Berechnung der Arme des zweiten Sternes baut auf den Ergebnissen der Zeichnung Nr. 18 auf. Auch aus ihr wurden fünf verschiedene Fälle entnommen, um zu untersuchen, welcher die größten Beanspruchungen für den Kurbelarm ergibt. Die Rechnung ist jedoch nur für Fall a durchgeführt.

Zu Rechnung 45: Die Berechnungen des Armes (s. Zeichnung Nr. 20 Fig. 1 und 2) sind gleichartig wie in Rechnung 35.

Das Biegungsmoment M_{b1} setzt sich aber hier aus der auf den Kurbelarm 2 wirkenden Radialkraft Ra_2, die für den Wellenzapfen durch Multiplikation mit dem Verhältnis $\frac{l_3}{l}$ übersetzt werden muß, und dem zugehörigen Hebelarm x_i zusammen (Spalte 14).

Das Biegungsmoment M_{b2} (Spalte 15) setzt sich aus der halben Tangentialkraft $\frac{Ta_2}{2}$, die um die vorherwirkenden Tangentialkräfte Ta_3 und Ta_4 vermehrt werden muß, und dem Arm m zusammen.

Das Drehmoment M_d setzt sich hier aus der auf den Wellenzapfen reduzierten Tangentialkraft Ta_2, d. i. $\frac{l_3}{l} \cdot Ta_2$, und dem zugehörigen Arm x_i zusammen (Spalte 16).

Die Berechnung von k_{b1} und k_{b2} geschieht in den Spalten 17 bezw. 18 und ist gleich der in Rechnung 35.
Dasselbe gilt von k_d (Spalte 19).
Auch die Errechnung von k_{b1d} (Spalte 20) bleibt sinngemäß gleich.

In Spalte 21 ist der Druck k aus der entsprechend übersetzten Radialkraft Ra_2, d. i. aus $\frac{l_3}{l} \cdot Ra_2$, ermittelt,

In Spalte 22 erfolgt die Zusammenziehung zu k_i wie in Rechnung 35.

Zu Rechnung 50—51.

Die Berechnung der Arme des ersten Sternes baut auf den Ergebnissen der Zeichnung Nr. 19 auf. Aus ihr wurden hier nur zwei verschiedene Fälle entnommen, um zu untersuchen, welcher die größten Beanspruchungen für den Kurbelarm ergibt. Die Rechnung ist jedoch nur für Fall a durchgeführt.

Zu Rechnung 50: Die Berechnungen des Armes (s. Zeichnung Nr. 20 Fig. 1 und 2) sind gleichartig wie in Rechnung 35.

Das Biegungsmoment M_{b1} setzt sich aber hier aus der auf den Kurbelarm 1 wirkenden Radialkraft Ra_1, die für den Wellenzapfen durch Multiplikation mit dem Verhältnis $\frac{l_1}{l'}$ übersetzt werden muß, und dem zugehörigen Hebelarm x zusammen (Spalte 14).

Das Biegungsmoment M_{b2} (Spalte 15) setzt sich aus der halben Tangentialkraft $\frac{Ta_1}{2}$, die um die vorherwirkenden Tangentialkräfte Ta_2, Ta_3 und Ta_4 vermehrt werden muß, und dem Arm m zusammen. Ta_2 und Ta_3 sind in Zeichnung Nr. 19 zu Ta_{23} bereits zusammengefügt.

Das Drehmoment M_d setzt sich hier aus der auf den Wellenzapfen reduzierten Tangentialkraft Ta_1, d. i. $\frac{l_1}{l'} \cdot Ta_1$, und dem zugehörigen Arm x zusammen (Spalte 16).

Die Berechnung von k_{b1} und k_{b2} geschieht in den Spalten 17 bezw. 18 und ist gleich der in Rechnung 35.
Dasselbe gilt von k_d (Spalte 19).
Auch die Errechnung von k_{b1d} (Spalte 20) bleibt sinngemäß gleich.

In Spalte 21 ist der Druck k aus der entsprechend übersetzten Radialkraft Ra_1, d. i. aus $\frac{l^1}{l'} \cdot Ra_1$, ermittelt.

In Spalte 22 erfolgt die Zusammenziehung zu k_i wie in Rechnung 35.

Bemerkungen zur
Zusammenstellung der Kurbelwellenberechnungen
in Bezug auf den maximalen spezifischen Flächendruck q.

Zu Rechnung 52: Die auf alle 4 Kurbelzapfen einwirkenden maximalen spezifischen Kolbendrücke Za_1 Za_2, Za_3, Za_4 sind einander gleich und betragen 23 kg/cm².

Daraus ergibt sich q (s. Spalte 28).

Zu Rechnung 53: Die auf den hinteren Wellenzapfen wirkenden maximalen spezifischen Kolbendrücke werden erhalten, indem der maximale spezifische, auf den Kurbelzapfen 4 wirkende Kolbendruck Za_4 halbiert wird (s. Spalte 27). Daraus ergibt sich q_2 (Spalte 29).

Zu Rechnung 54: In den „Bemerkungen zu Zeichnung Nr. 21" ist die Ermittlung von Q_{34} (Spalte 27) angegeben. Daraus ist q_2 zu ermitteln (Spalte 29).

Zu Rechnung 55: In den „Bemerkungen zu Zeichnung Nr. 21" ist die Ermittlung von Q_{23} angegeben (Spalte 27). Daraus ist q_2 gerechnet (Spalte 29).

Zu Rechnung 56: In den „Bemerkungen zu Zeichnung Nr. 21" ist die Ermittlung von Q_{12} gegeben (Spalte 27). Daraus ergibt sich q_2 (Spalte 29).

Zu Rechnung 57: Die auf den vorderen Wellenzapfen einwirkenden maximalen spezifischen Kolbendrücke werden erhalten, indem der maximale spezifische, auf den Kurbelzapfen 1 einwirkende Kolbendruck Za_1 entsprechend den Hebelarmen (s. Zeichnung Nr. 20 Fig. 1) reduziert wird (Spalte 27). Daraus den spezifischen Flächendruck zu errechnen, ist im vorliegenden Fall nicht notwendig, da ein Kugellager angewendet ist.

Bemerkungen zur
Zusammenstellung der Kurbelwellenberechnungen
in bezug auf spezifische Reibungsarbeit Ar.

Zu Rechnung 58: In Spalte 33 ist die Zapfen-Umfangsgeschwindigkeit ermittelt. Die auf alle 4 Kurbelzapfen einwirkenden mittleren Kolbendrücke sind einander gleich, sie betragen 4,9 kg/cm² (Spalte 34). Sie setzen sich aus 4 Teilziffern zusammen, über die in den „Bemerkungen zu Zeichnung Nr. 22" ausführlich gesprochen wurde.

In Spalte 39 ist der mittlere spezifische Flächendruck k_{mk} für die Kurbelzapfen ermittelt.

Daraus errechnet sich (nach Spalte 44) die Reibungsarbeit Ar.

Zu Rechnung 59: Der mittlere Kolbendruck für den hinteren Wellenzapfen (Zeichnung Nr. 20 Fig. 1 und 9) ist gleich dem halben, auf den 4. Kurbelzapfen einwirkenden mittleren Kolbendruck, d. i. $\frac{pmk}{2}$ (Spalte 35).

Daraus errechnet sich (nach Spalte 40) der mittlere spezifische Flächendruck km_4.

Daraus ergibt sich nach Spalte 44 die Reibungsarbeit.

Zu Rechnung 60: Der mittlere Kolbendruck für den Wellenzapfen zwischen dem 3. und 4. Stern (Zeichnung Nr. 20 Fig. 1 und 7) ist $pm_{34} = 2{,}1$ (Spalte 36). Er ergibt sich aus Zeichnung Nr. 23. Es wird auch auf die, „Bemerkungen zu Zeichnung Nr. 23" verwiesen.

In Spalte 41 ist der mittlere spezifische Flächendruck und in Spalte 44 die Reibungsarbeit ermittelt gemäß Rechnung 59.

Zu Rechnung 61: Der mittlere Kolbendruck zu den Wellenzapfen zwischen dem 2. und 3. Stern (Zeichnung Nr. 20 Fig. 1 und 5) ist $pm_{23} = 8{,}9$ (Spalte 37). Er ergibt sich aus Zeichnung Nr. 24. Es wird auch auf die „Bemerkungen zu Zeichnung Nr. 24" verwiesen.

In Spalte 41 ist der mittlere spezifische Flächendruck und in Spalte 44 die Reibungsarbeit ermittelt gemäß Rechnung 59.

Zu Rechnung 62: Sämtliche zeichnerischen und rechnerischen Unterlagen sowie deren Ergebnisse sind gleich wie in Rechnung 60.

V. Berechnung einiger Motorenteile.

Berechnung der Zylinderwandstärke.

Die Zylinderwandstärke $\delta = \frac{d \cdot p}{2 \cdot kb}$. Daraus errechnet sich $kb = \frac{d \cdot p}{2 \cdot \delta}$

δ	Wandstärke in cm		$= 0{,}8$ cm
d	Zyl.-Durchm. .	„ „	$= 14$ „
p max . . .	Druck	„ kg/cm²	$= 25$ kg/cm²
kb		„ „	

$$kb = \frac{14 \cdot 25}{2 \cdot 0{,}8} = 218 \text{ kg/cm}^2$$

Dies ist eine sogar für normalen Aluminiumguß sehr geringe Beanspruchung.

Berechnung der Zylinderschrauben.

$D = 15{,}2$ cm (größter Zylinderkopf-Durchm). Daraus ergibt sich

$F = 181 \text{ cm}^2$

$p\,max = 25 \text{ kg/cm}^2$

P = Gesamtdruck auf den Deckel per Zylinder

$P = p\,max \cdot F = 25 \cdot 181 = 4525$ kg

Es werden zwölf 10 mm-Schrauben mit S. I.-Gewinde gewählt.

Der entsprechende Kern-Durchm. $d_1 = 0{,}789$,

dies entspricht einer Fläche von $f_1 = 0{,}4889$

$P = 12 \cdot f_1 \cdot kz$

$$kz = \frac{P}{12 \cdot f_1} = \frac{4525}{12 \cdot 0{,}4889} = 772 \text{ kg/cm}^2$$

Diese Beanspruchung ist namentlich darum zulässig, weil die Schrauben aus hochwertigem Material hergestellt werden.

Die Berechnung der Pleuelstangen,
der Pleuelstangen-Bolzen und
der Kolbenbolzen

ist nicht besonders durchgeführt, da derartige Berechnungen erfahrungsgemäß zu geringe Abmessungen ergeben. Diese Teile wurden vielmehr guten Ausführungen in- und ausländischer Motoren nachgebildet.

Die Berechnung der Ventildurchmesser und
Ventilerhebungen

ist ebenfalls vernachlässigt worden, da infolge Anwendung je zweier Saug- und Auspuffventile die Erreichung der vorgeschriebenen Gasgeschwindigkeit keine Schwierigkeiten bereitet.

Berechnung der Getriebezahnräder.

Die Abmessungen des nachzurechnenden, innen verzahnten Zahnrades, das auf der Propellerwelle sitzt, sind:

Teilkreis-Durchm.	d	$= 31{,}2$ cm
Teilkreis-Radius	r	$= 15{,}6$ „
Breite	b	$= 3$ „
Modul	m	$= 3$ „
Teilung	t	$= 0{,}3 \cdot \pi = 0{,}94$ cm

Die Umdrehungen per Minute sind $n = 1000$.

Das Drehmoment $P \cdot r = 716{,}2$ m/kg (s. Abschnitt II Punkt 3, S. 9)
$= 71620$ cm/kg

Hierbei ist die entsprechende Umlaufzahl per Minute $= 1000$ eingesetzt.

Nach Hütte ist $P = 0{,}06 \cdot b \cdot t \cdot kb$

$$kb = \frac{P}{0{,}06 \cdot b \cdot t} = \frac{4580}{0{,}06 \cdot 3 \cdot 0{,}94} = 2700 \text{ kg/cm}^2$$

Die tatsächliche Beanspruchung kb ist erheblich kleiner, da gleichzeitig 6 Zahnräder in Angriff sind.

In der nachstehenden Aufstellung werden die verschiedenen Annahmen gemacht, daß 6 Zahnräder, oder nur 5, oder sogar nur 4 gleichzeitig tragen.

$$\text{Es ist dann } kb = \frac{2700}{6} \quad \frac{2700}{5} \quad \frac{2700}{4}$$

$$kb = 450 \quad 540 \quad 675 \text{ kg/cm}^2$$

Es zeigt sich also, daß selbst bei nur 4 tragenden Zahnrädern die Beanspruchung eine niedrige ist.

Das auf der Kurbelwelle sitzende, treibende Zahnrad und die 6 Zwischenräder errechnen sich in genau gleicher Weise und ergeben dementsprechend auch genau gleiche Zahnradabmessungen.

Berechnung der Propellerwelle.

Die Abmessungen jener Stelle der nachzurechnenden Propellerwelle, an der sie ihre Arbeit an die Propellernabe abgibt, sind:

$D = 5{,}6$ cm

$d = 4{,}0$ „

$$P \cdot r = \frac{\pi}{16} \cdot \frac{D^4 - d^4}{D} \cdot kd = 26 \cdot kd$$

$P \cdot r = 71620$ cm/kg (S. vorstehende Getriebezahnräder-Berechnung)

$$kd = \frac{71620}{26} = 2760 \text{ kg/cm}^2.$$

Diese Beanspruchung der Propellerwelle scheint zunächst hoch. Das hier errechnete kd ist aber zulässig, da ein sehr guter Gleichförmigkeitsgrad vorhanden ist und die Propellerwelle aus hochwertigem Bismarckstahl, der in gehärtetem Zustande ein $kz = 18500$ hat, hergestellt wird.

VI. Anhang.
Die Konstruktionszeichnungen.

1. Haupt-Längsschnitt (teilweise Ansicht) und Ölpumpenschnitt.
2. Haupt-Querschnitt (teilweise Ansicht).
3. Ansicht von hinten (teilweiser Schnitt durch die Wasserpumpe).
4. Ansicht von vorne (teilweiser Schnitt durch den Saug-Hauptkanal).
5. Schnitt bezw. Ansicht der Nockensteuerung.
6. Schnitt durch Magnet- und Ölpumpen-Antrieb.
7. Schnitt durch Übersetzungsgetriebe (Ansicht einer geteilten Zwischenlagerscheibe).
8. Schnitt durch die obere Teleskopsteuerung (teilweise Ansicht).
9. Schnitt durch Saug- und Auspuff-Kanäle des Zylinderkopfes.
10. Schema des Wasserumlaufes im Kühler.
11. Zündschema (Fig. 1—5).
12. Indikatordiagramme eines Sternes.
13. Graphische Zusammenstellung der Kräfte eines Zylindersternes.
14. Ermittlung und Zusammenstellung der resultierenden Kräfte eines Zylindersternes (auf einen Kreis bezogen).
15. Zusammenstellung der resultierenden Kräfte eines Zylindersternes (auf einen Punkt bezogen).
16. Kräfteplan für die 4. Kurbel.
17. „ „ „ 3. „
18. „ „ „ 2. „
19. „ „ „ 1. „
20. Schematische Zeichnung der Kurbelwelle samt graphischer Darstellung der Beanspruchungen.
21. Ermittlung der größten Resultanten der auf die Wellenzapfen reduzierten spezifischen Kolbendrücke.
22. Ermittlung und Zusammenstellung der resultierenden mittleren Kolbendrücke verschiedener Kurbelstellungen eines Zylindersternes (auf einen Kreis bezogen. Vergl. Nr. 14).
23. Zusammensetzung der resultierenden mittleren Kolbendrücke der verschiedenen Kurbelstellungen des vierten mit denen des dritten Zylindersternes. (Die Kräfte sind aus Zeichnung 22 entnommen.)
24. Zusammensetzung der resultierenden mittleren Kolbendrücke der verschiedenen Kurbelstellungen des dritten mit denen des zweiten Zylindersternes. (Die Kräfte sind aus Zeichnung 22 entnommen.)

E. Rumpler, 27. Juli 1920.

Mandruck G. m. b. H., München.

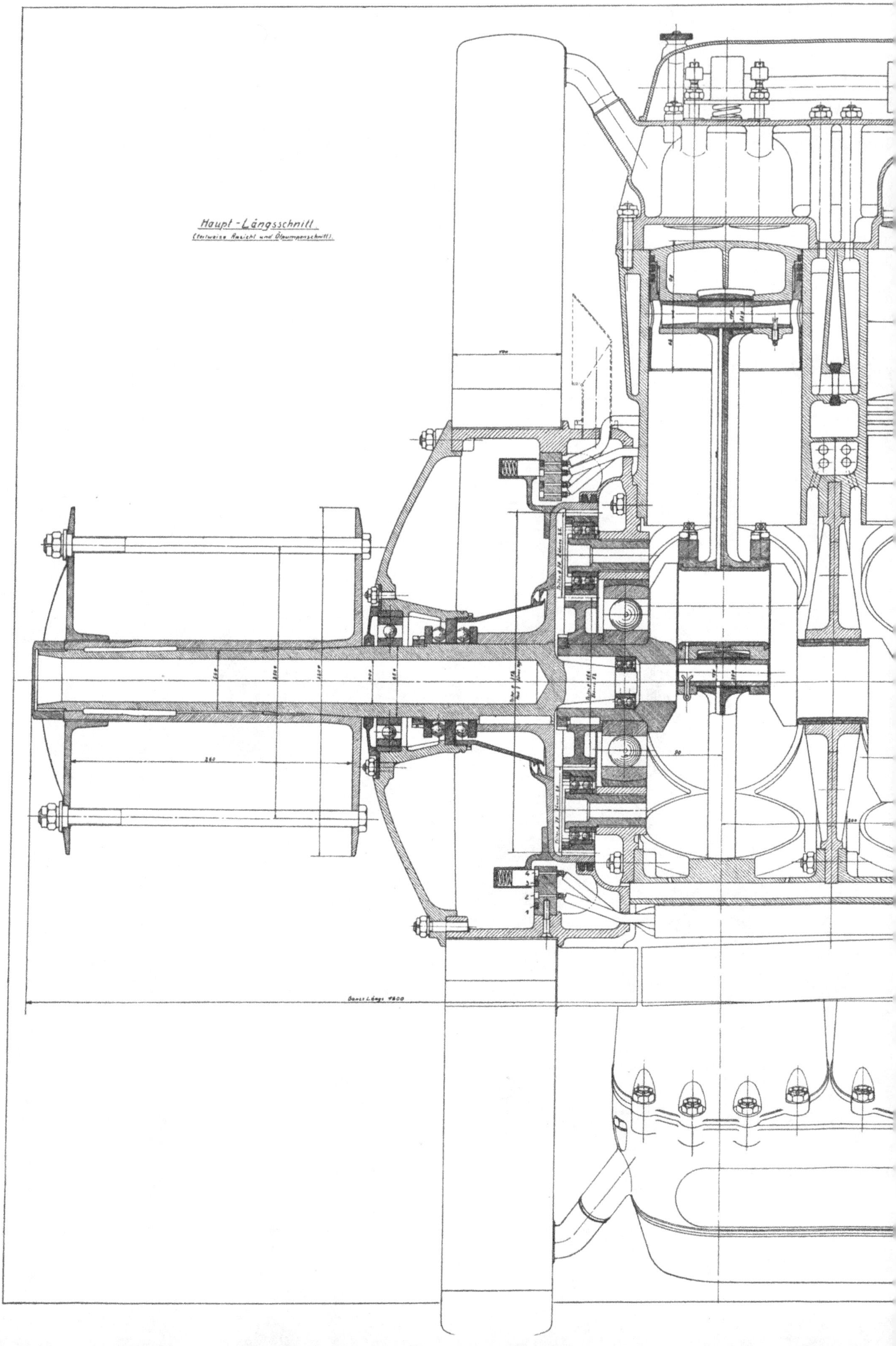
Haupt-Längsschnitt.
(teilweise Ansicht und Ölpumpenschnitt).

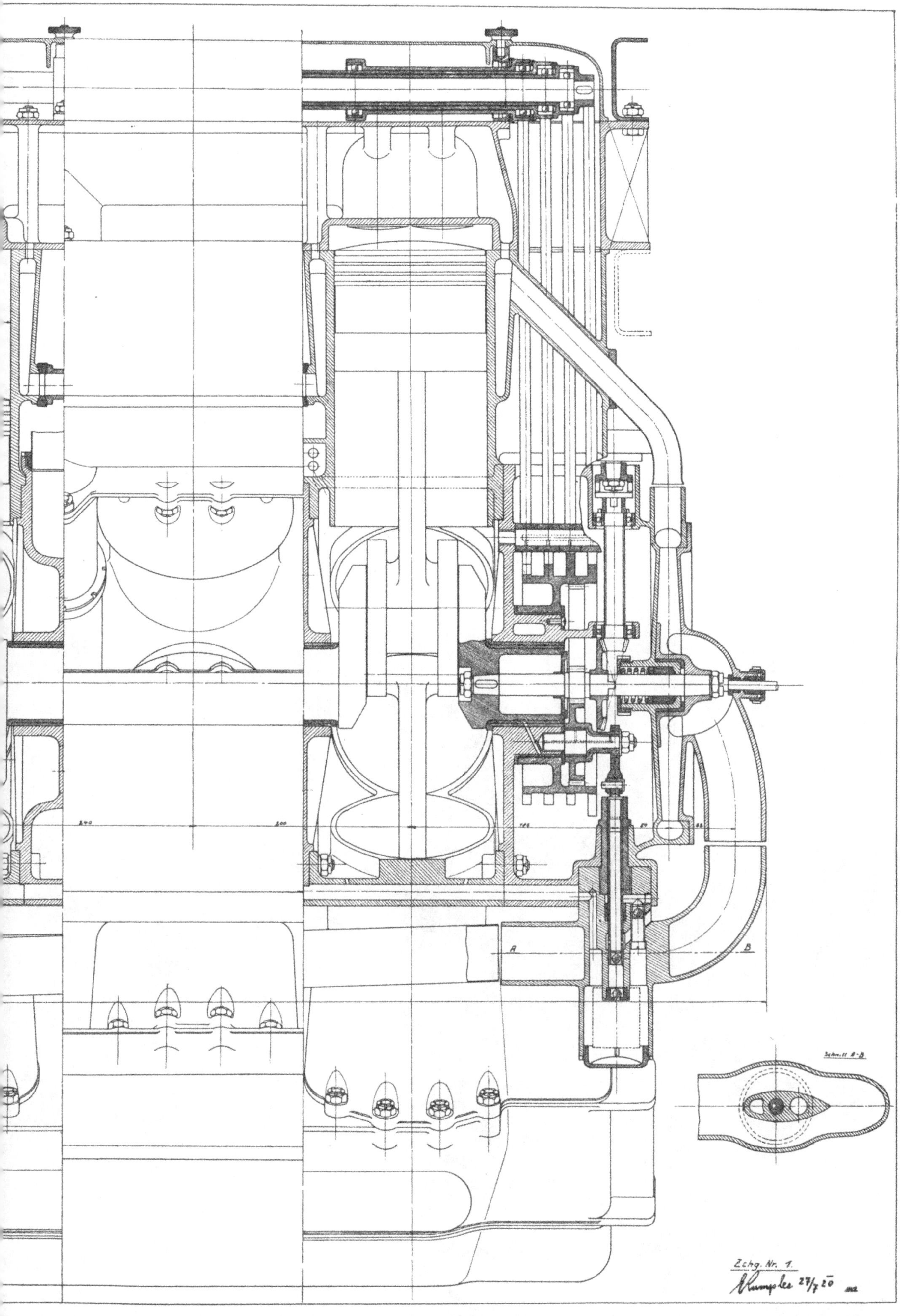
A
B
Schnitt A-B
Zchg. Nr. 1.

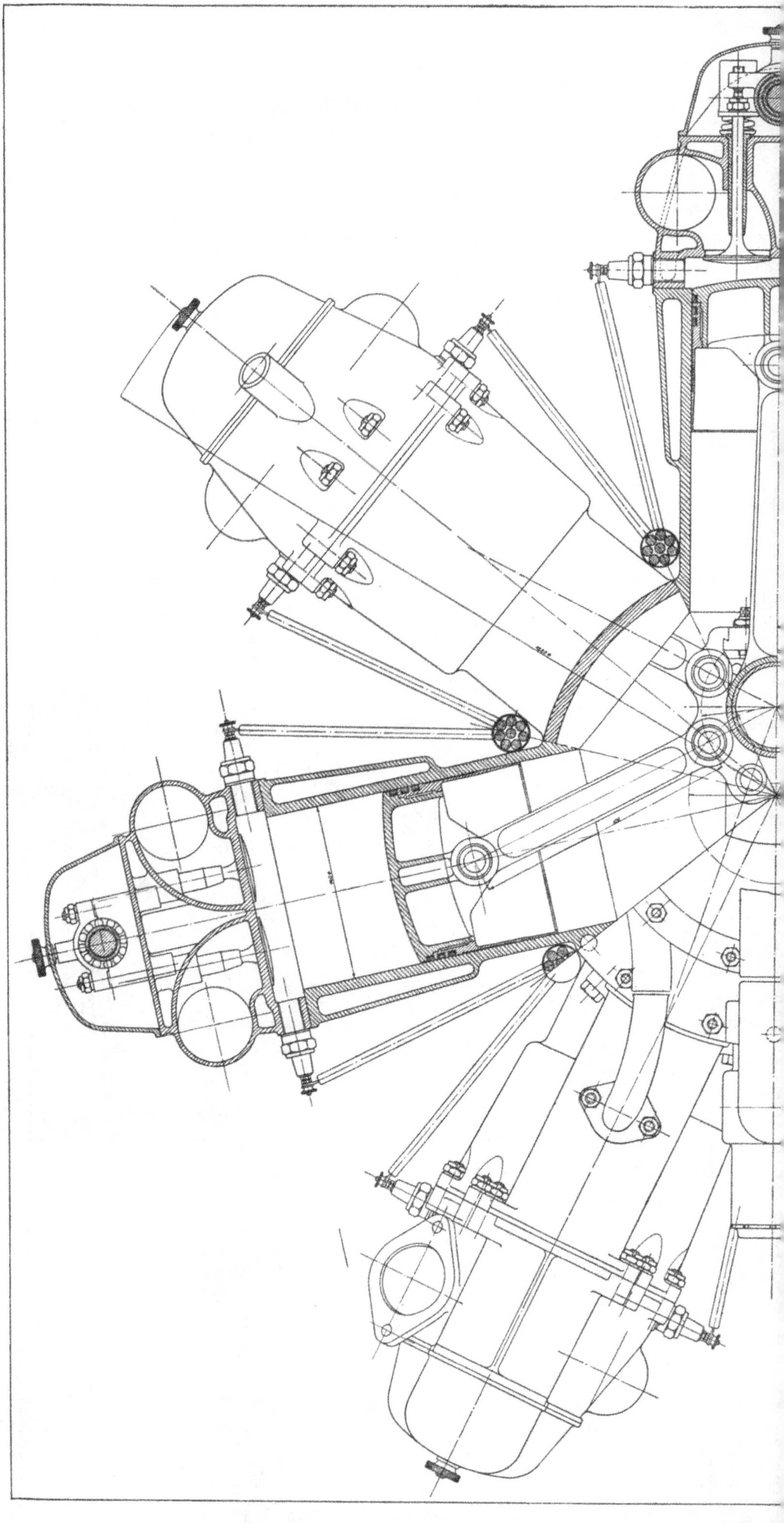

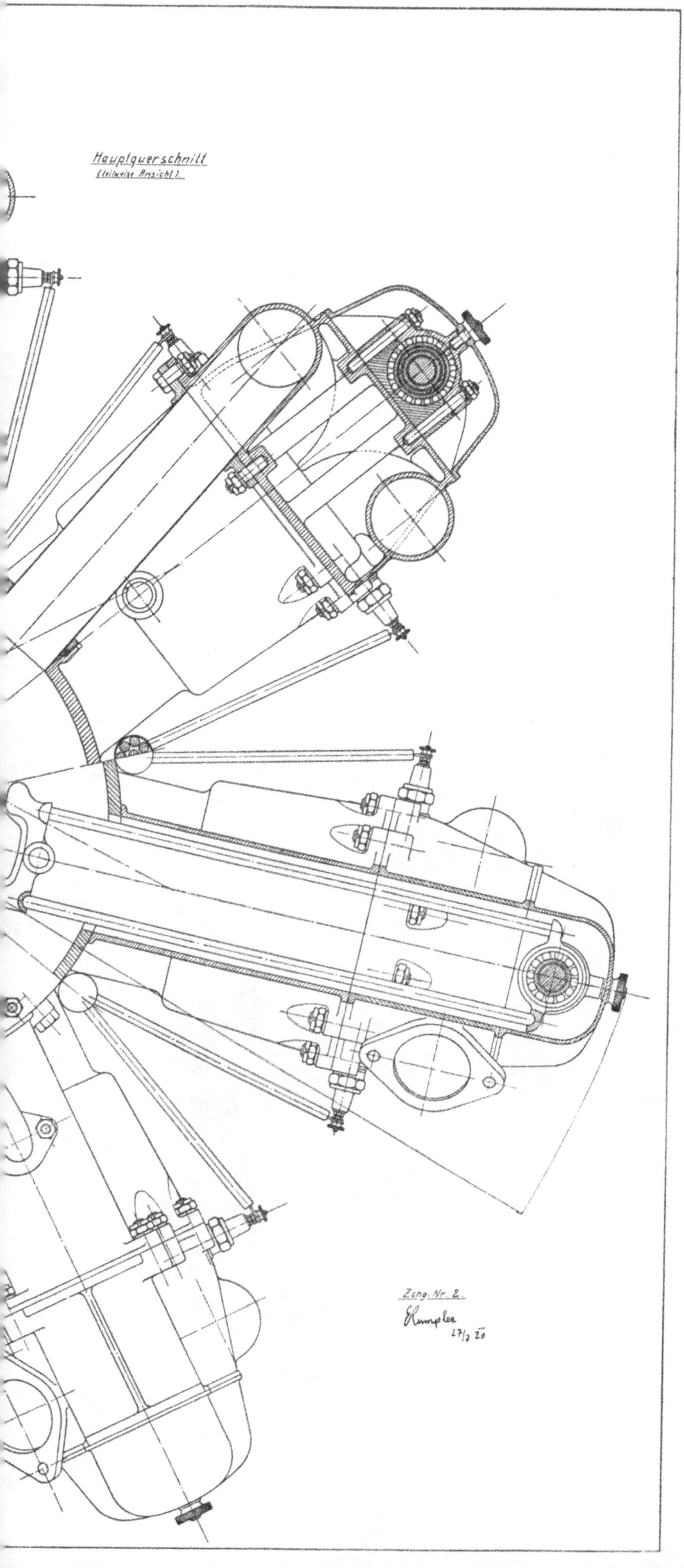

Hauptquerschnitt
(teilweise Ansicht).
Zchg. Nr. 2.
ERumpler
27/3 20

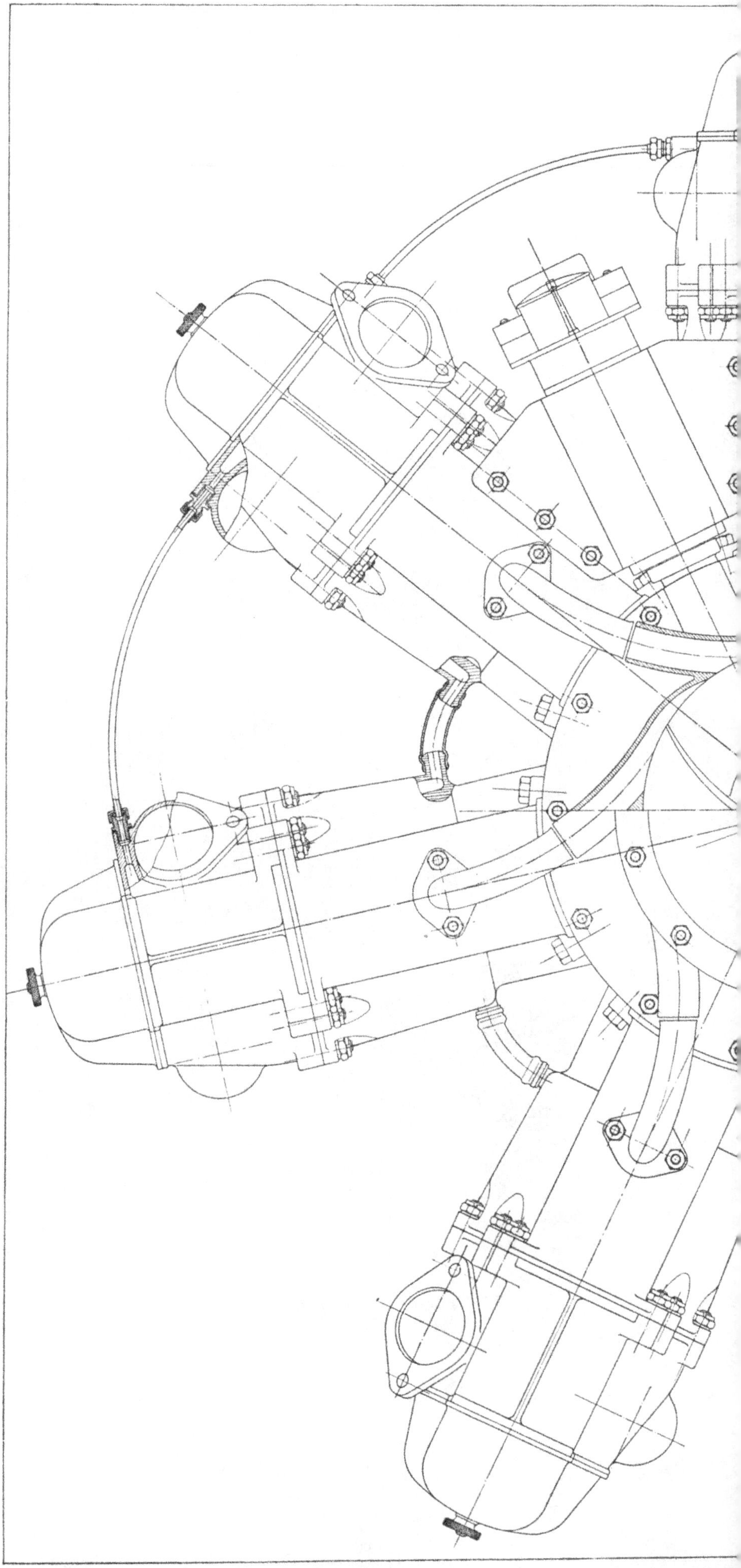

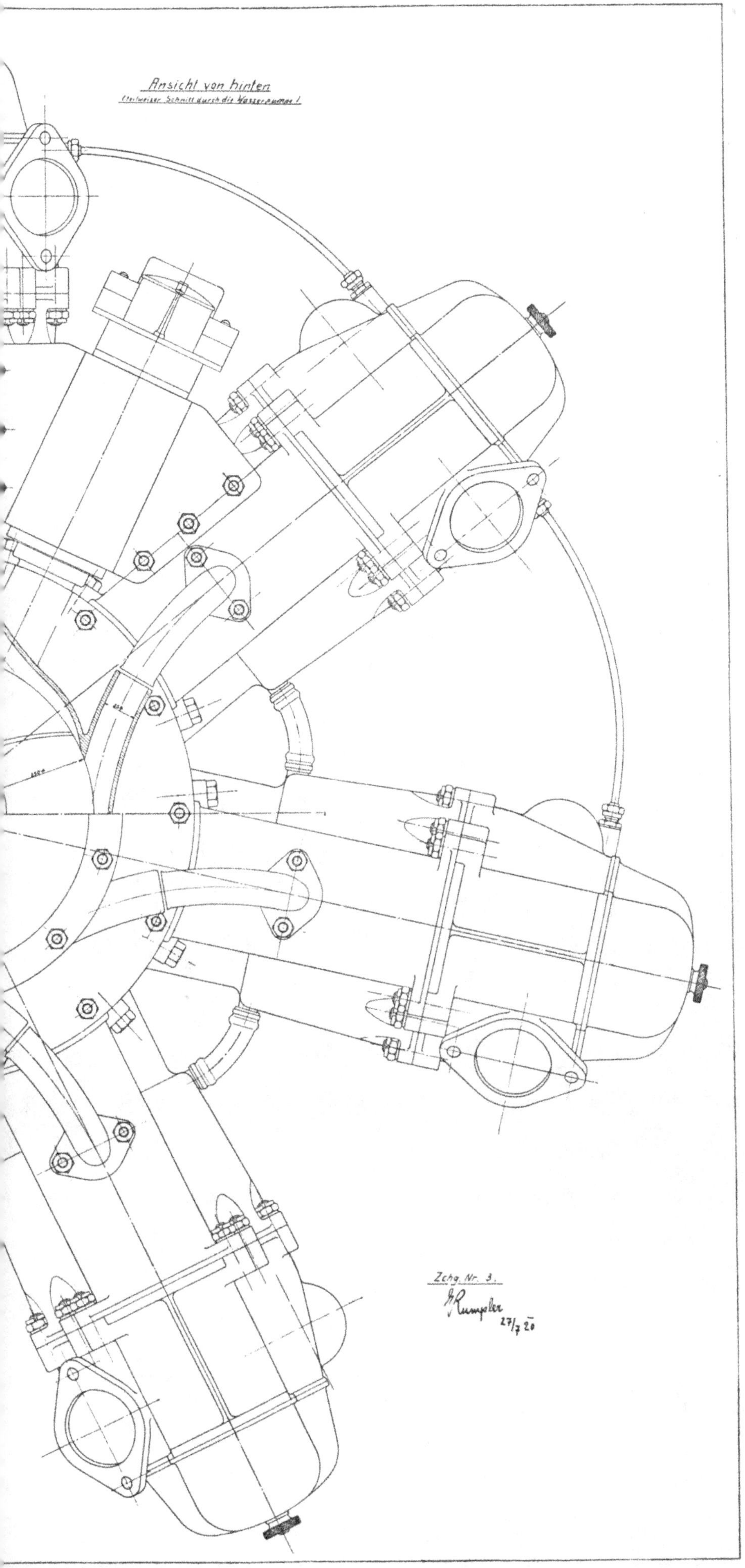
Ansicht von hinten
(teilweiser Schnitt durch die Wasserpumpe)
Zchg. Nr. 3.
Rumpler
27/7 20

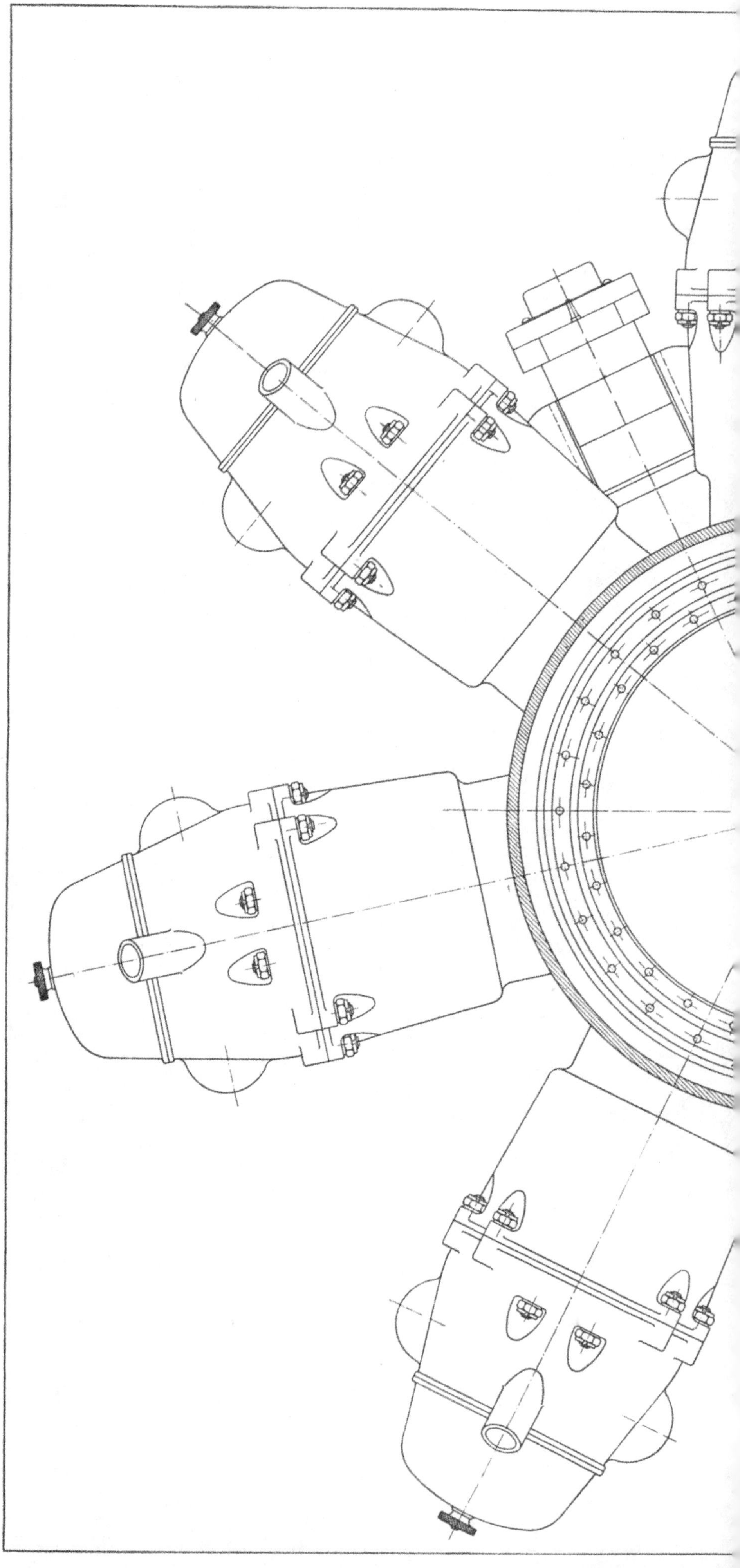

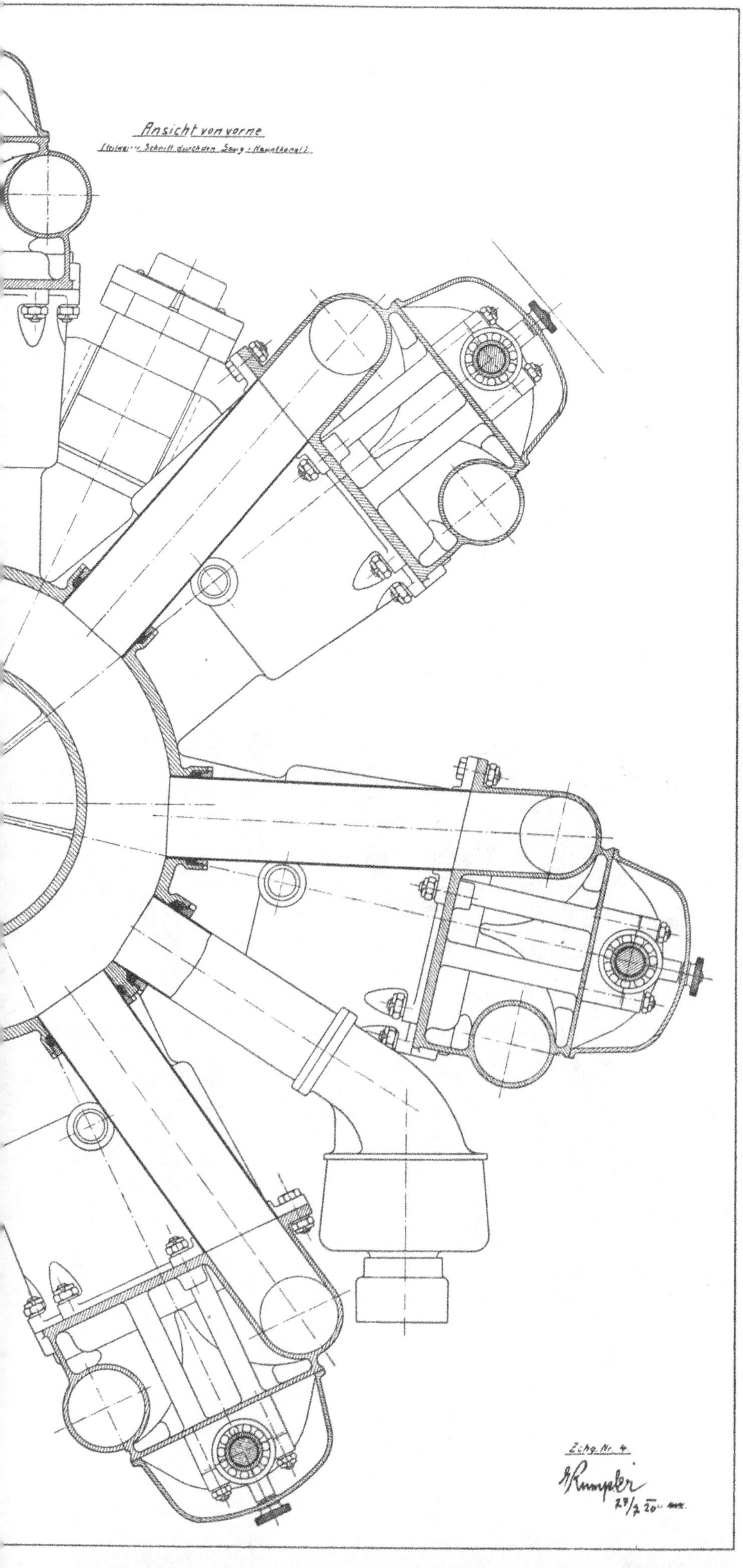
Ansicht von vorne
Zchg. Nr. 4.
Rumpler

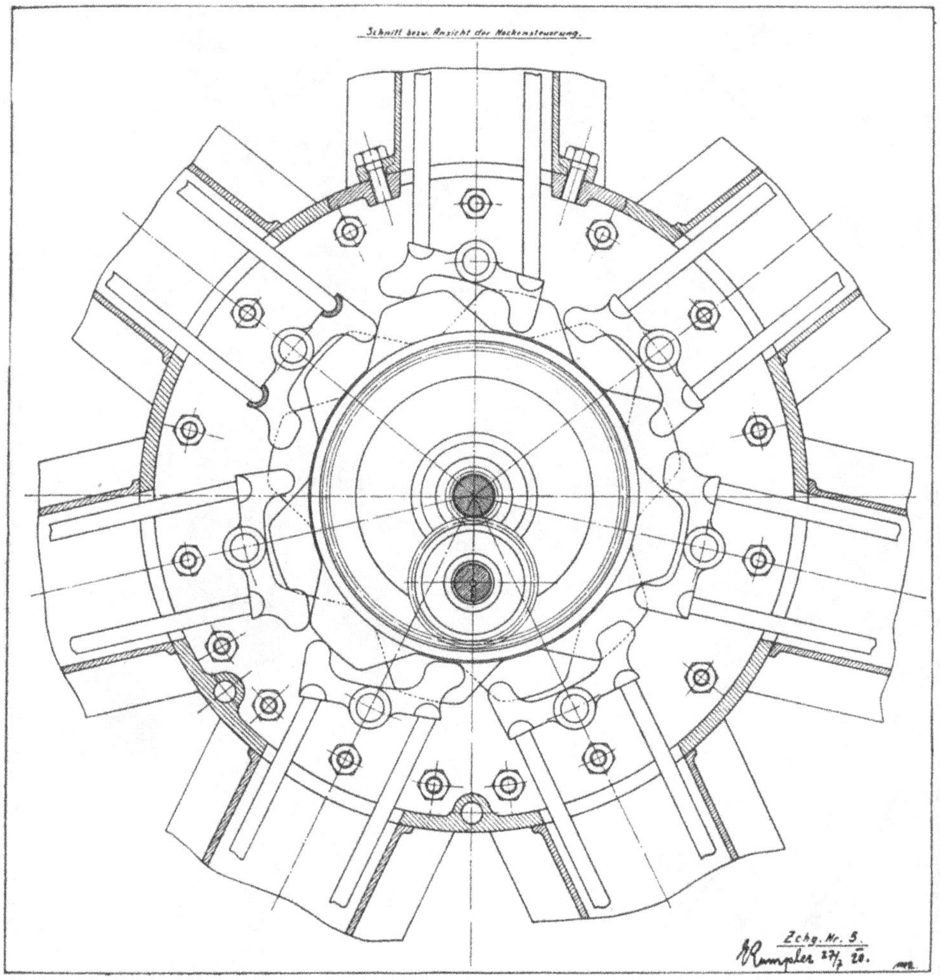
Schnitt bezw. Ansicht der Nockensteuerung.
Zchg. Nr. 5.
Rumpler 27/7 20.

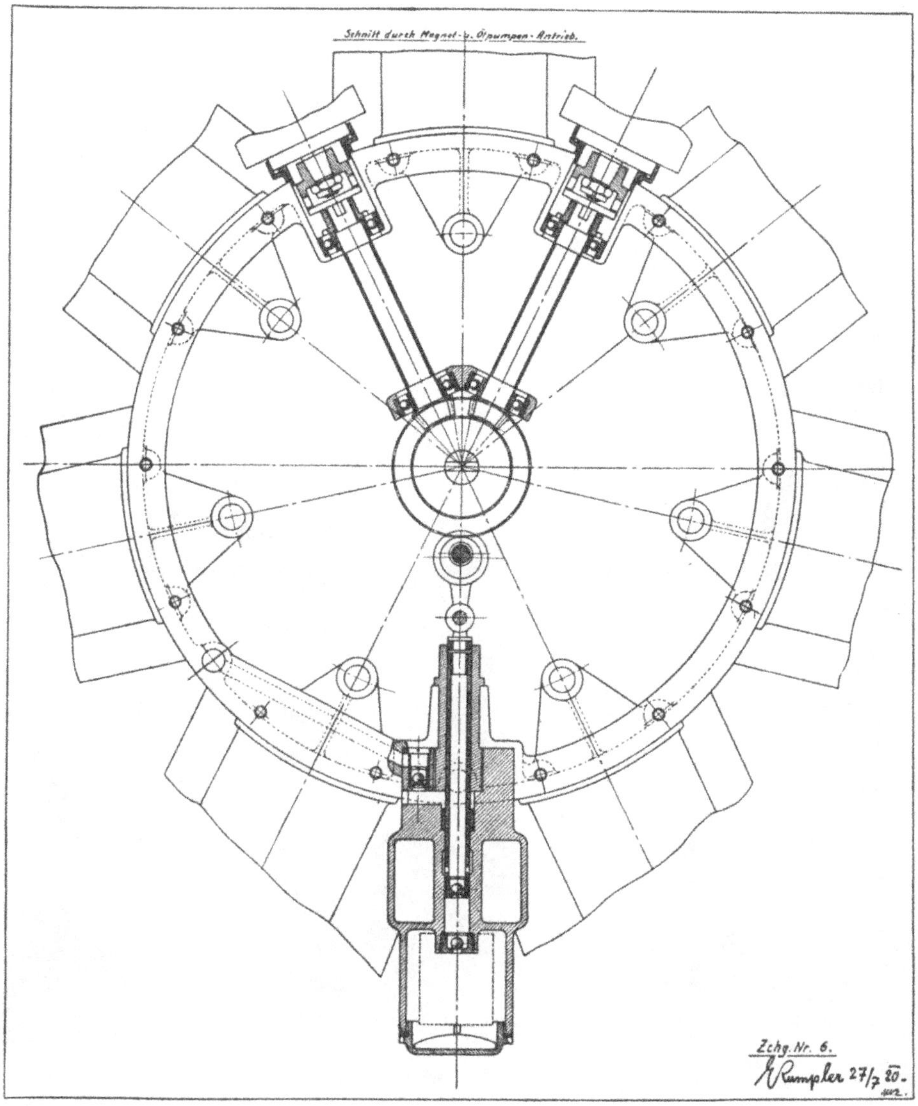
Schnitt durch Magnet- u. Ölpumpen-Antrieb.
Zchg. Nr. 6.
E. Rumpler 27/7 20.

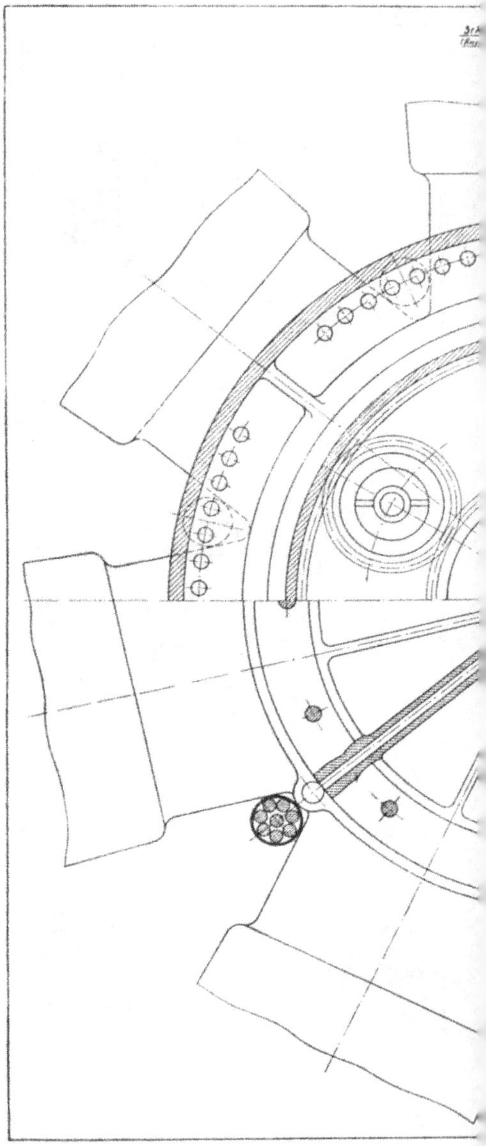

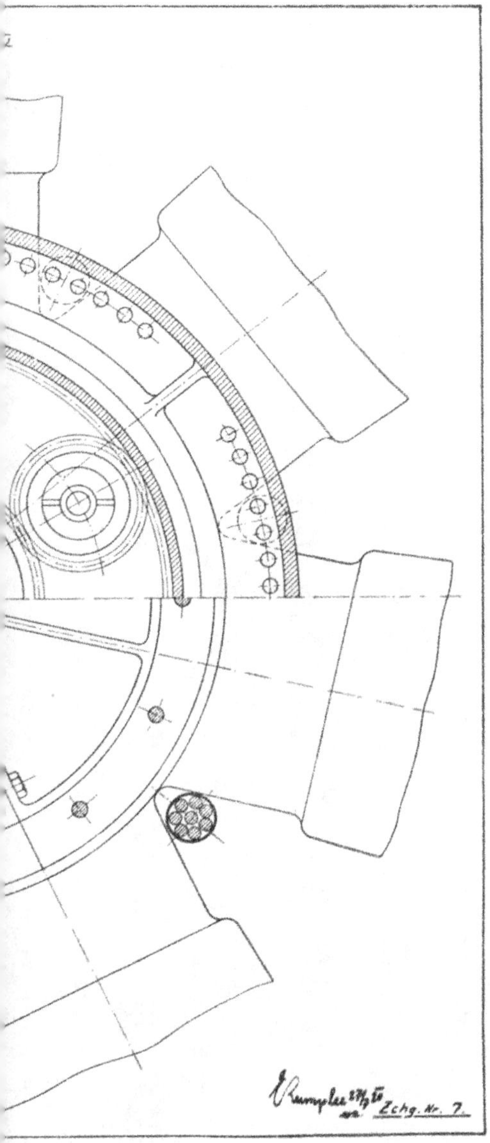
Zchg. Nr. 7.

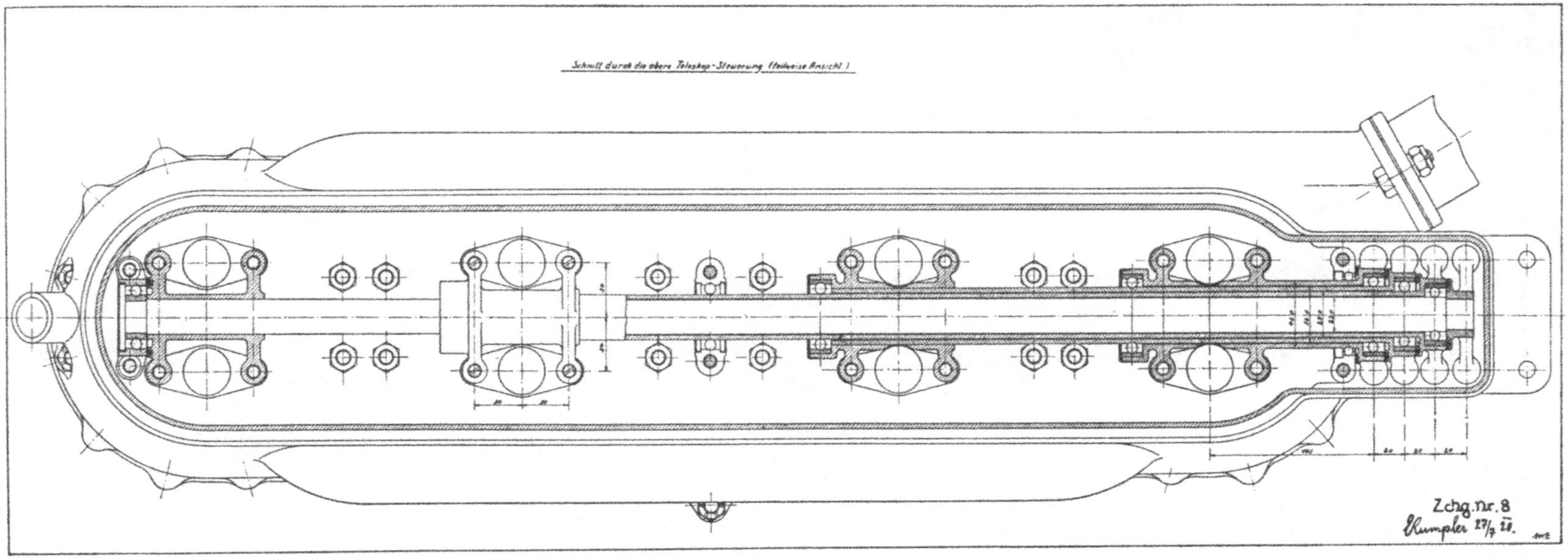
Schnitt durch die obere Teleskop-Steuerung (teilweise Ansicht)
Zchg. Nr. 8
Rumpler 27/7 20.

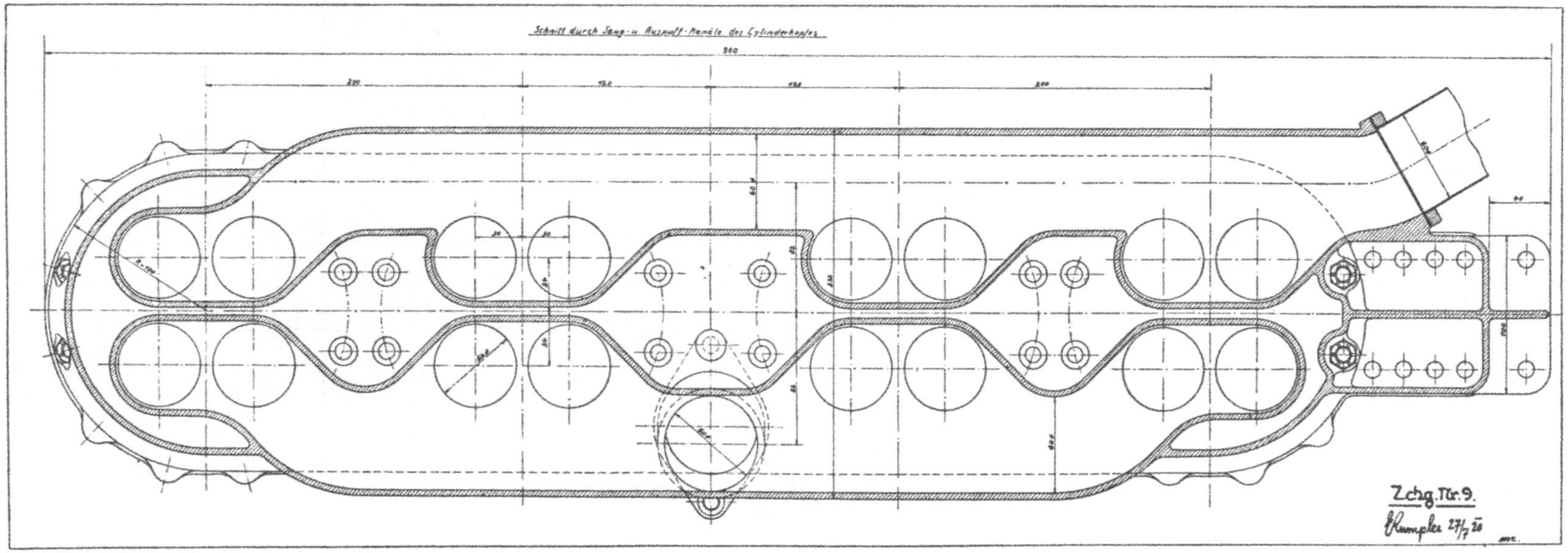
Schnitt durch Saug- u. Auspuff-Kanäle des Cylinderkopfes
Zchg. Nr. 9.
Rumpler 27/7 20

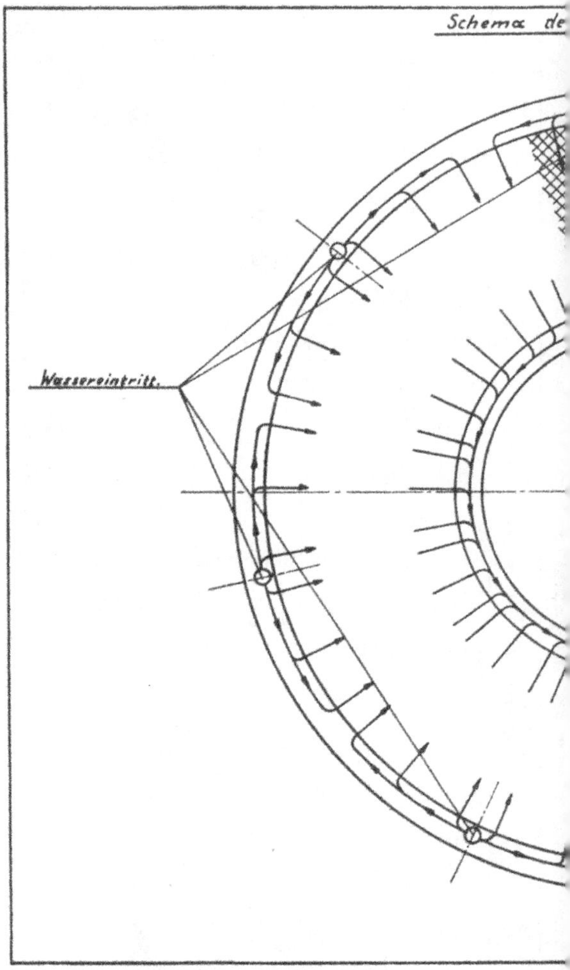

Schema de
Wassereintritt.

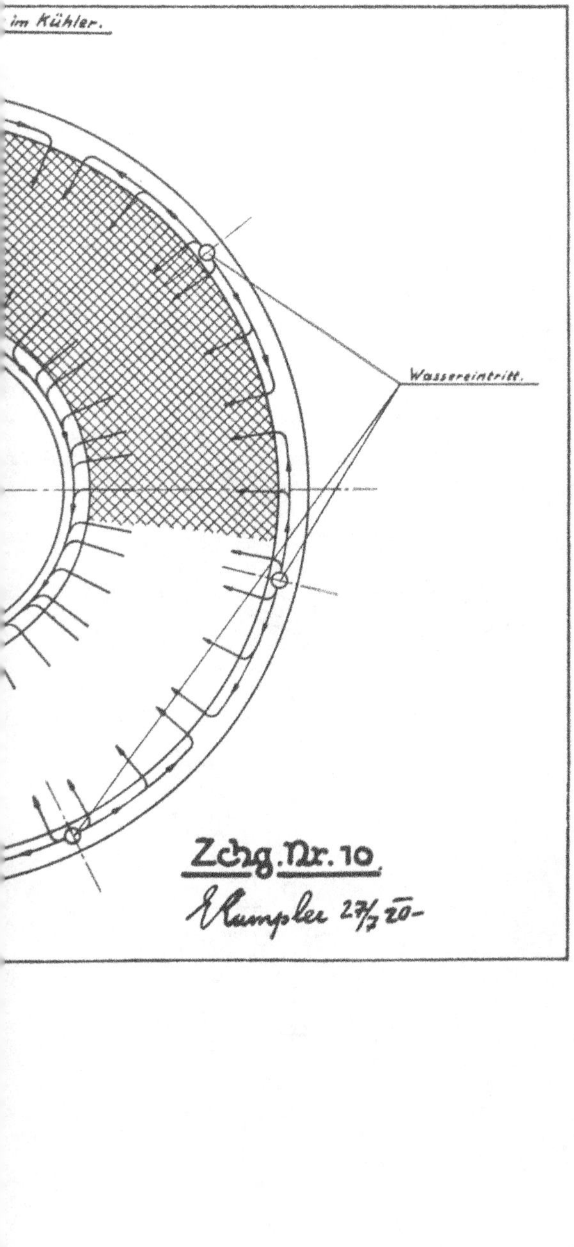
im Kühler.
Wassereintritt.
Zchg. Nr. 10
ERumpler 27/7 20-

Zündschem

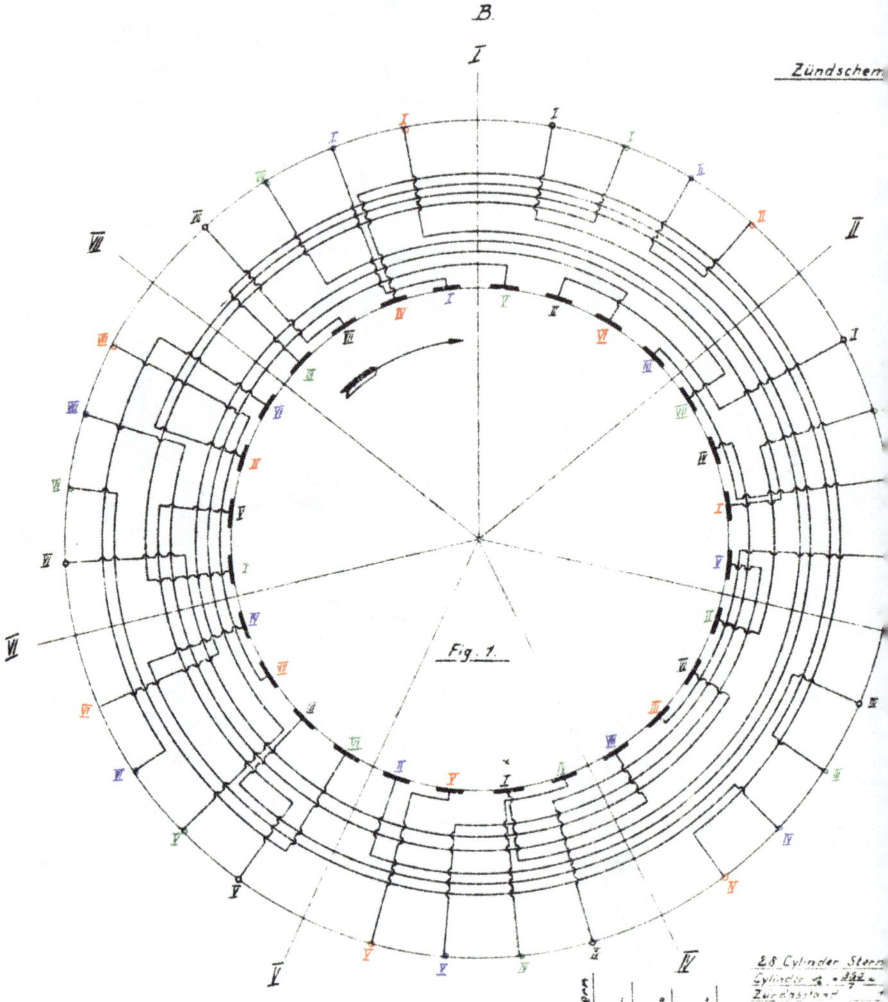

Fig. 1.

28 Cylinder Stern
Cylinder
Zündabstand

Fig. 3.

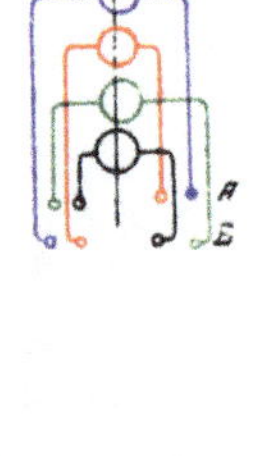

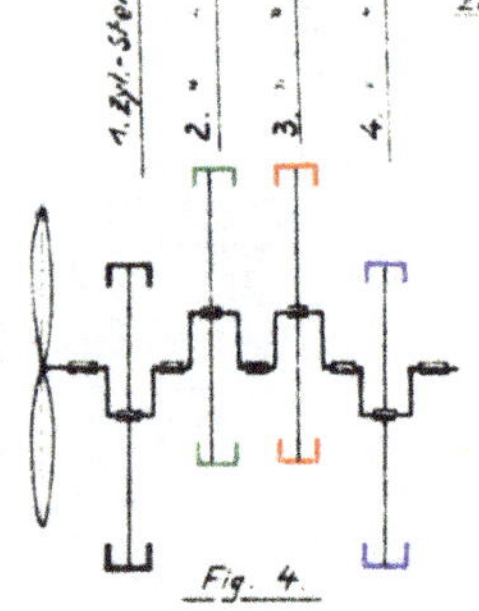

Fig. 4.

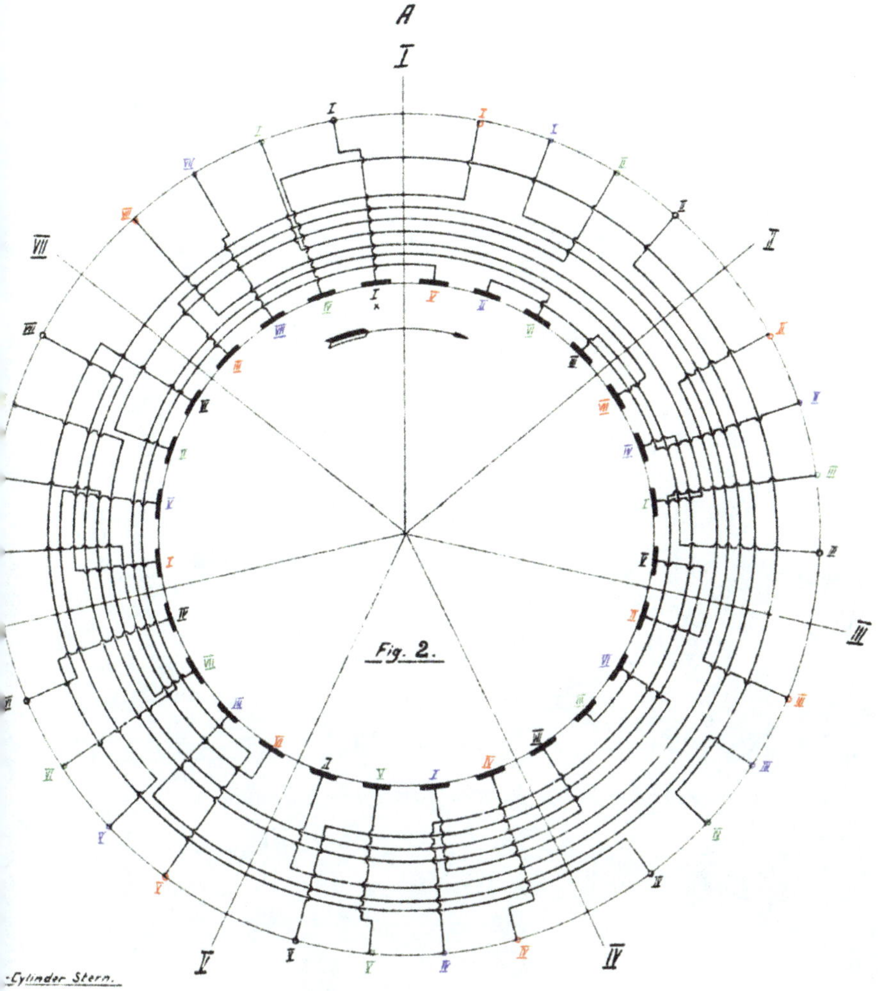

Fig. 2.

-Cylinder Stern.

Zündabstand ~ 25° 42' 51'

Zündfolge : I – V – II – VI – III – VII – IV – I – V – II – VI – III – VII – IV – I – V – II – VI – III – VII – IV – I – V – II – VI – III – VII – IV – I

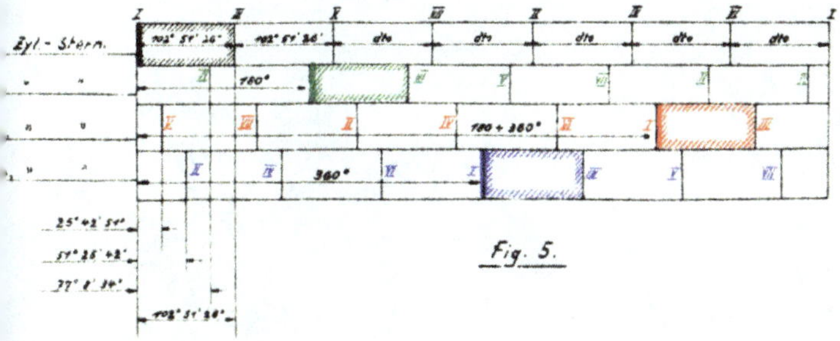

Fig. 5.

Zchg. Nr. 11.

Kampler 29/7 20.

Indikator-Diagramme eines Sternes.

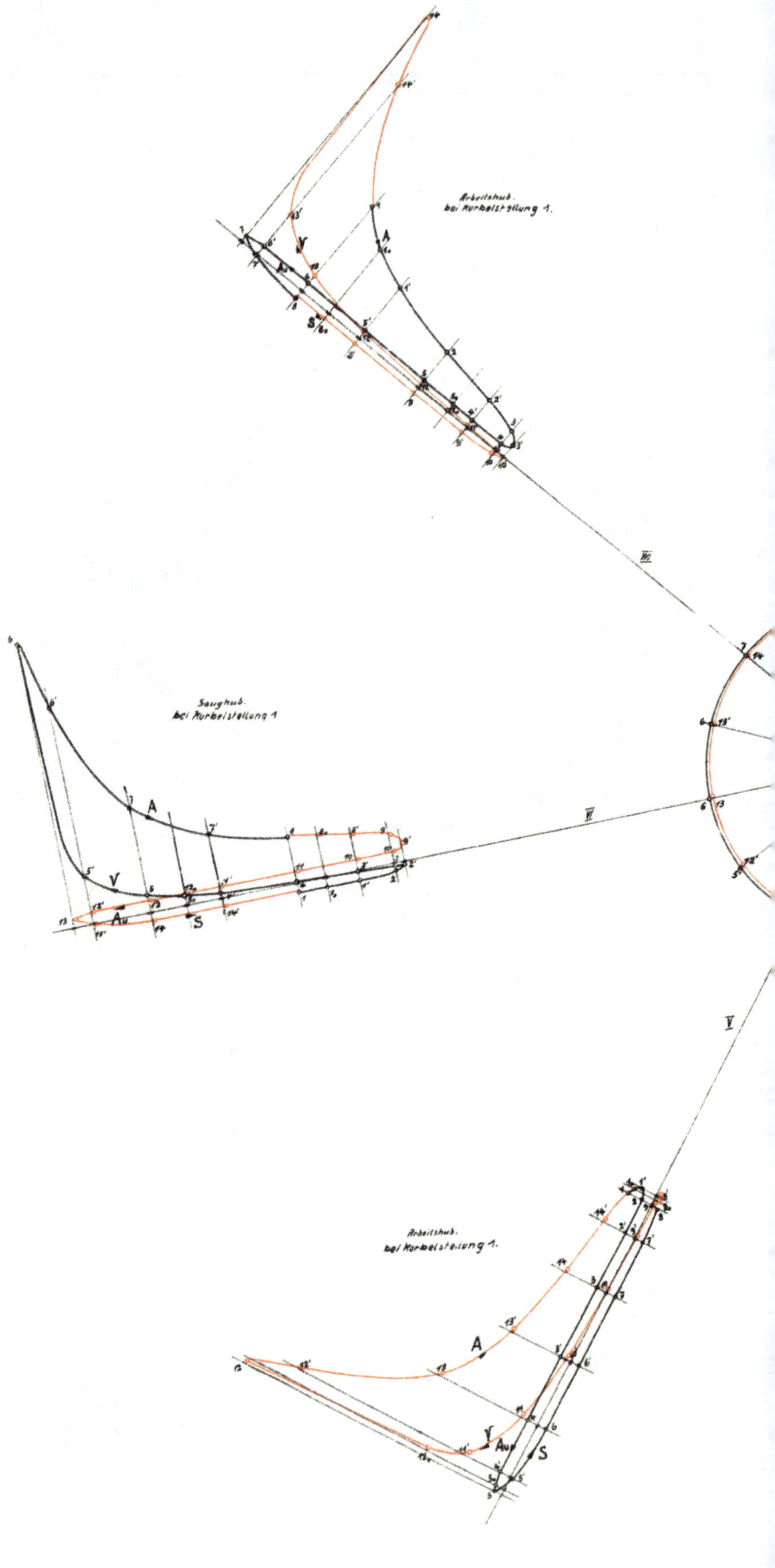

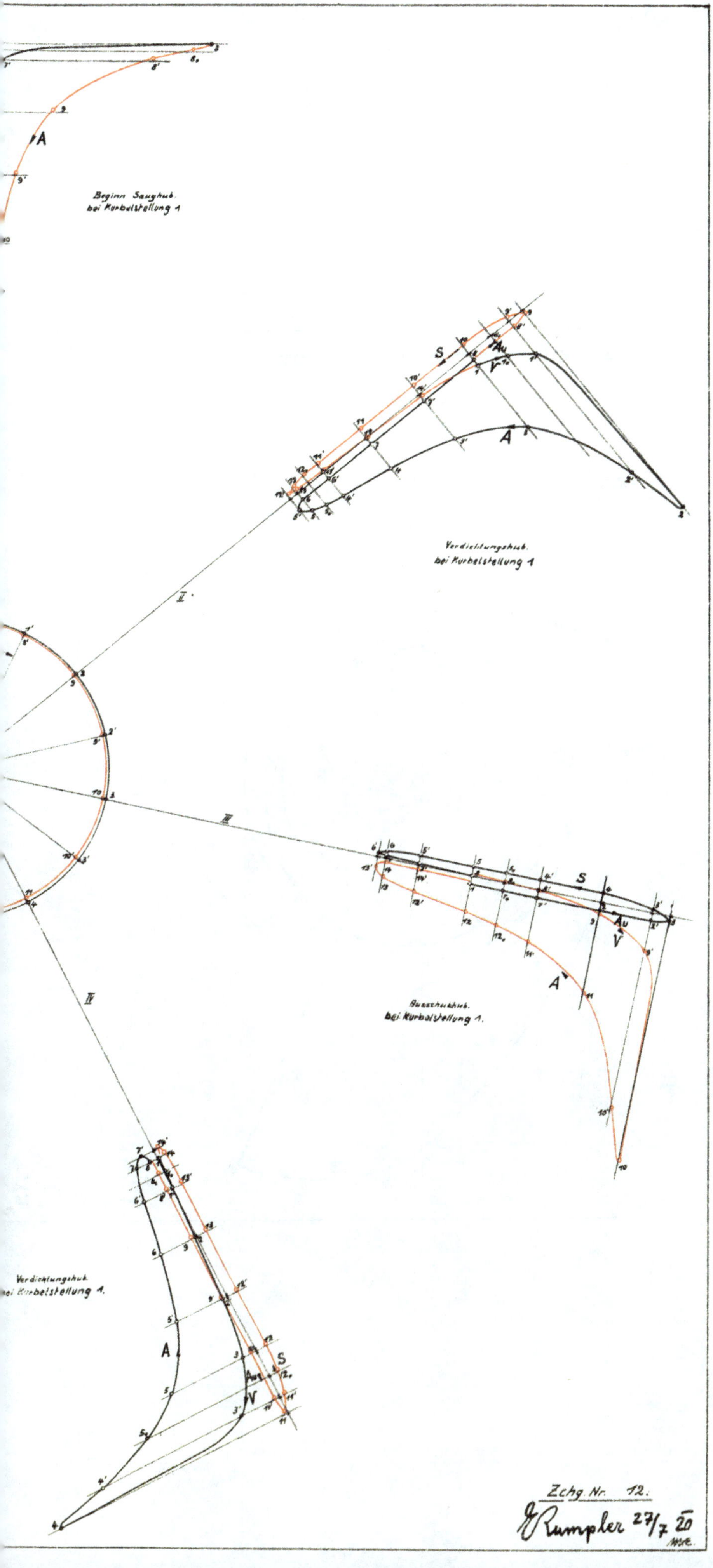
Beginn Saughub.
bei Kurbelstellung 1
Verdichtungshub.
bei Kurbelstellung 1
Ausschubhub.
bei Kurbelstellung 1.
Verdichtungshub.
bei Kurbelstellung 1.
Zchg. Nr. 12.
Rumpler 27/7 20

Graphische Zusammenstellung der Kräfte eines Cylindersternes.

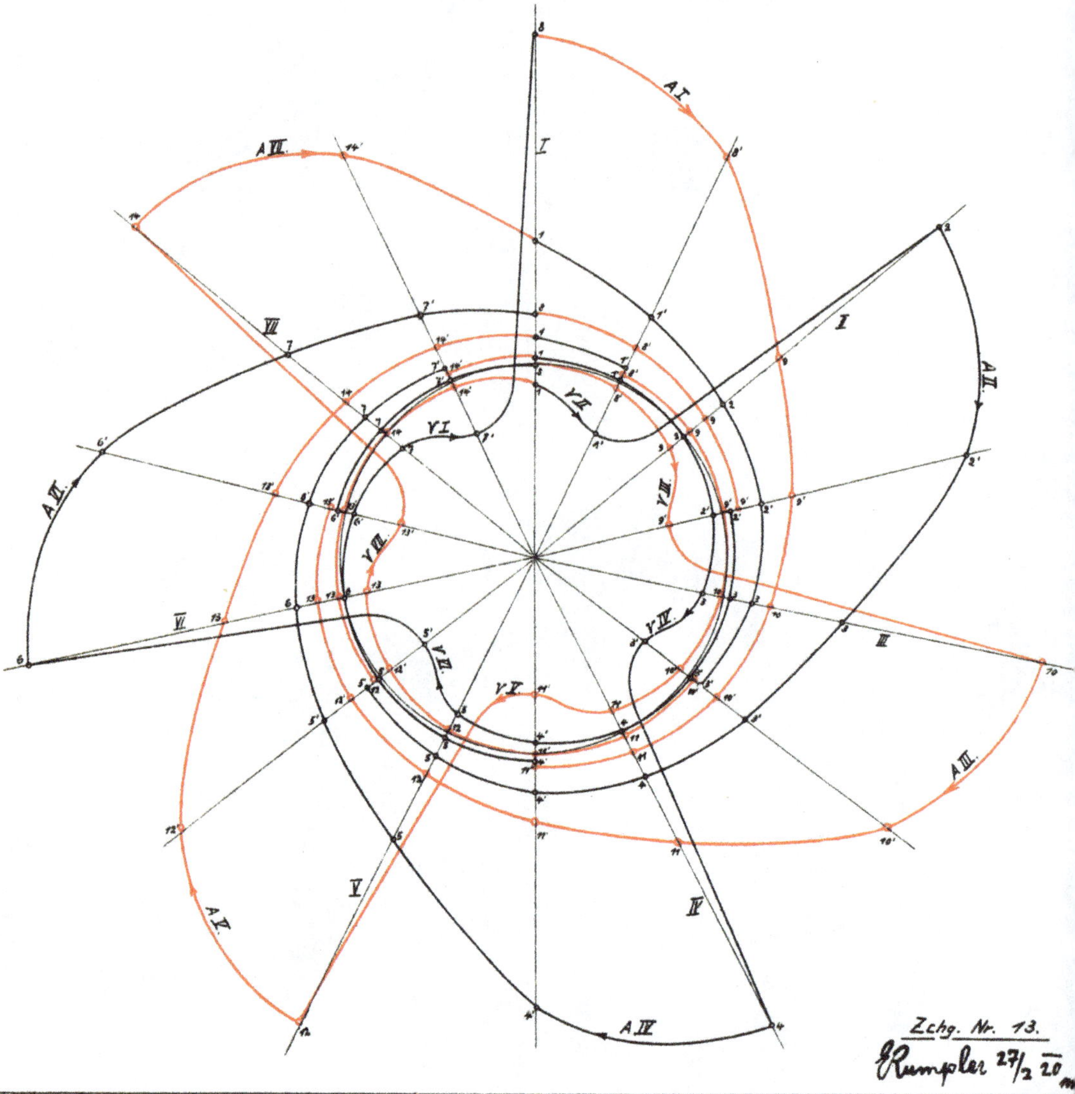

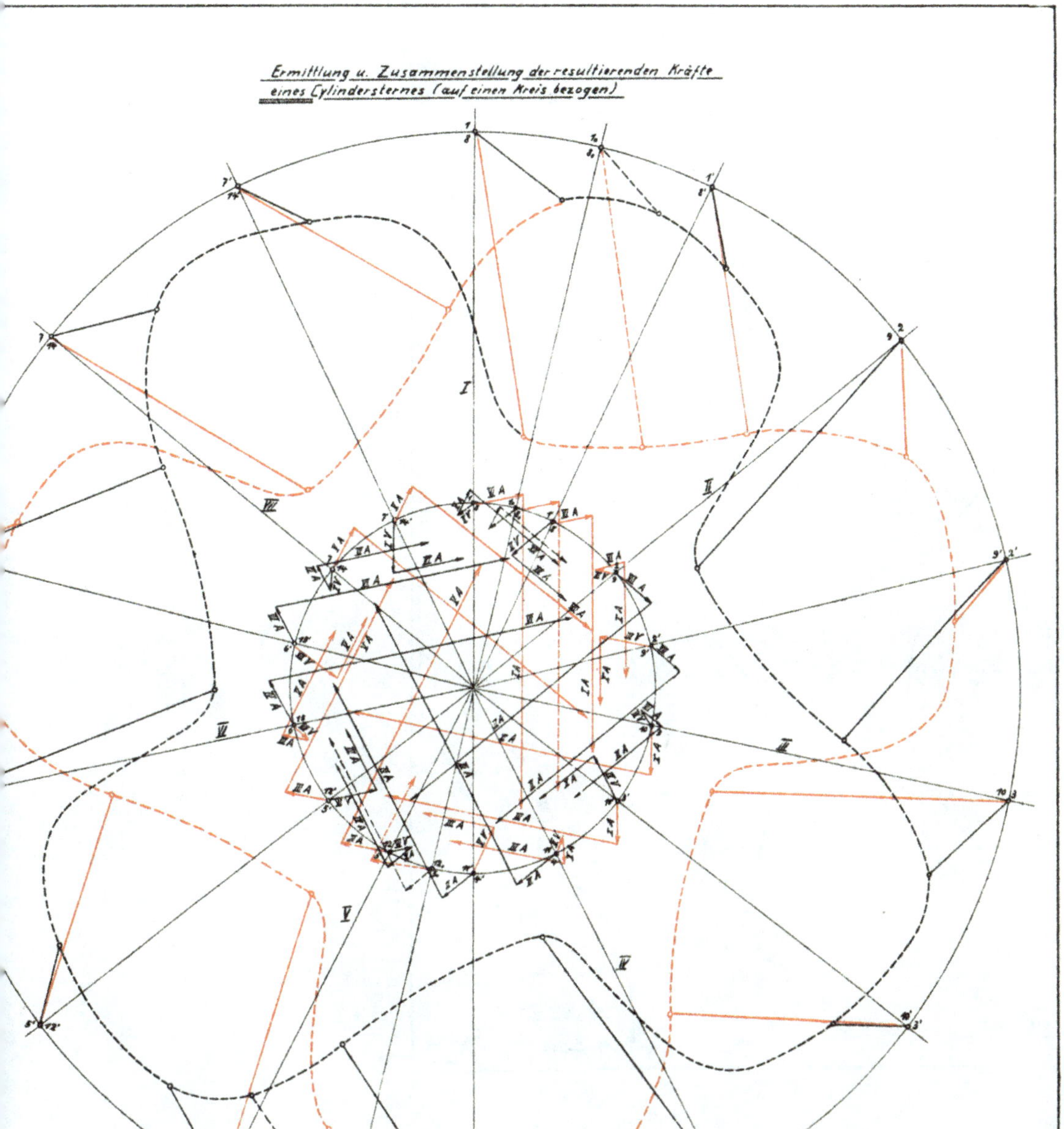
Ermittlung u. Zusammenstellung der resultierenden Kräfte
eines Cylindersternes (auf einen Kreis bezogen)
Zchg. Nr. 14
Rumpler 27/1 20.

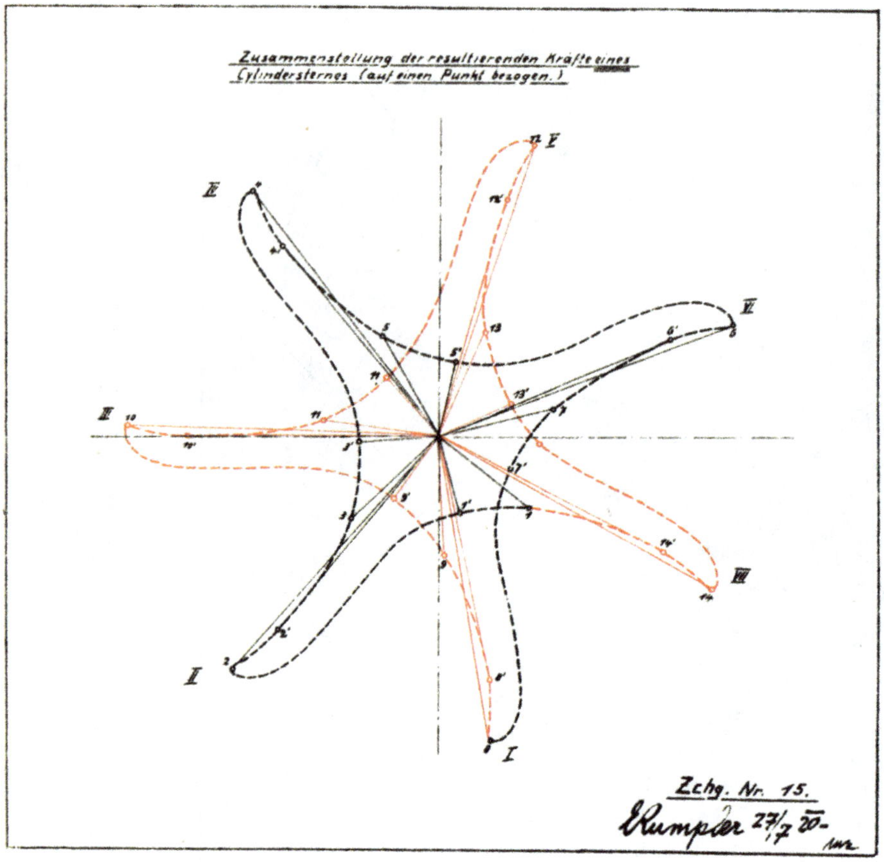
Zusammenstellung der resultierenden Kräfte eines
Cylindersternes (auf einen Punkt bezogen.)
Zchg. Nr. 15.

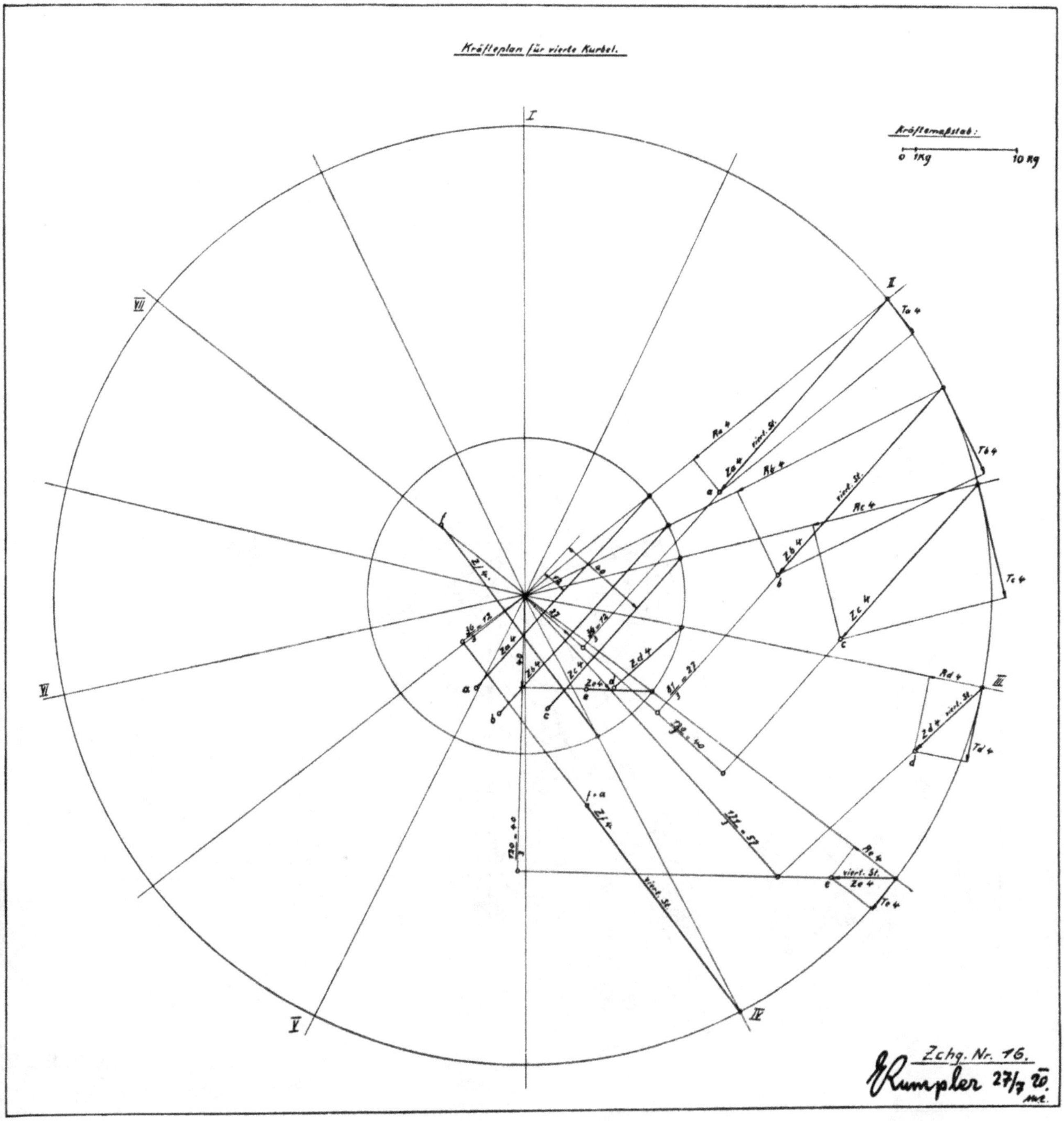
Kräfteplan für vierte Kurbel.
Kräftemaßstab:
0 1Kg 10 Kg
I
II
III
IV
V
VI
VII
Ta 4
Tb 4
Tc 4
Td 4
Te 4
Ra 4
Rb 4
Rc 4
Rd 4
Re 4
Za 4
Zb 4
Zc 4
Zd 4
Ze 4
Zf 4
viert. St.
Zchg. Nr. 16.
Rumpler 27/7 20.

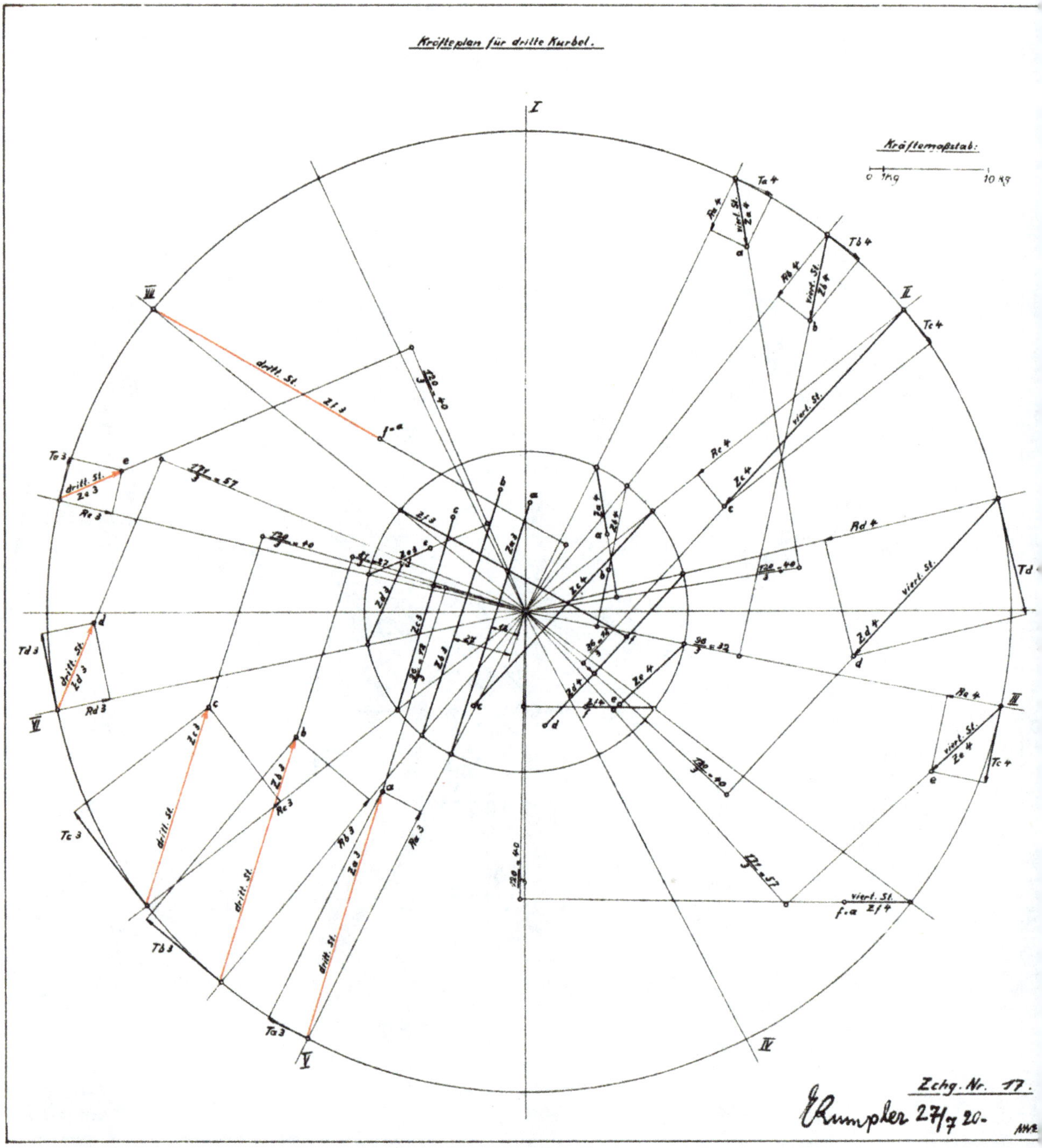
Kräfteplan für dritte Kurbel.
Kräftemaßstab:
0 1kg 10 kg
Zchg. Nr. 17.
ERumpler 27/7 20.

Kräfteplan für zweite Kurbel.

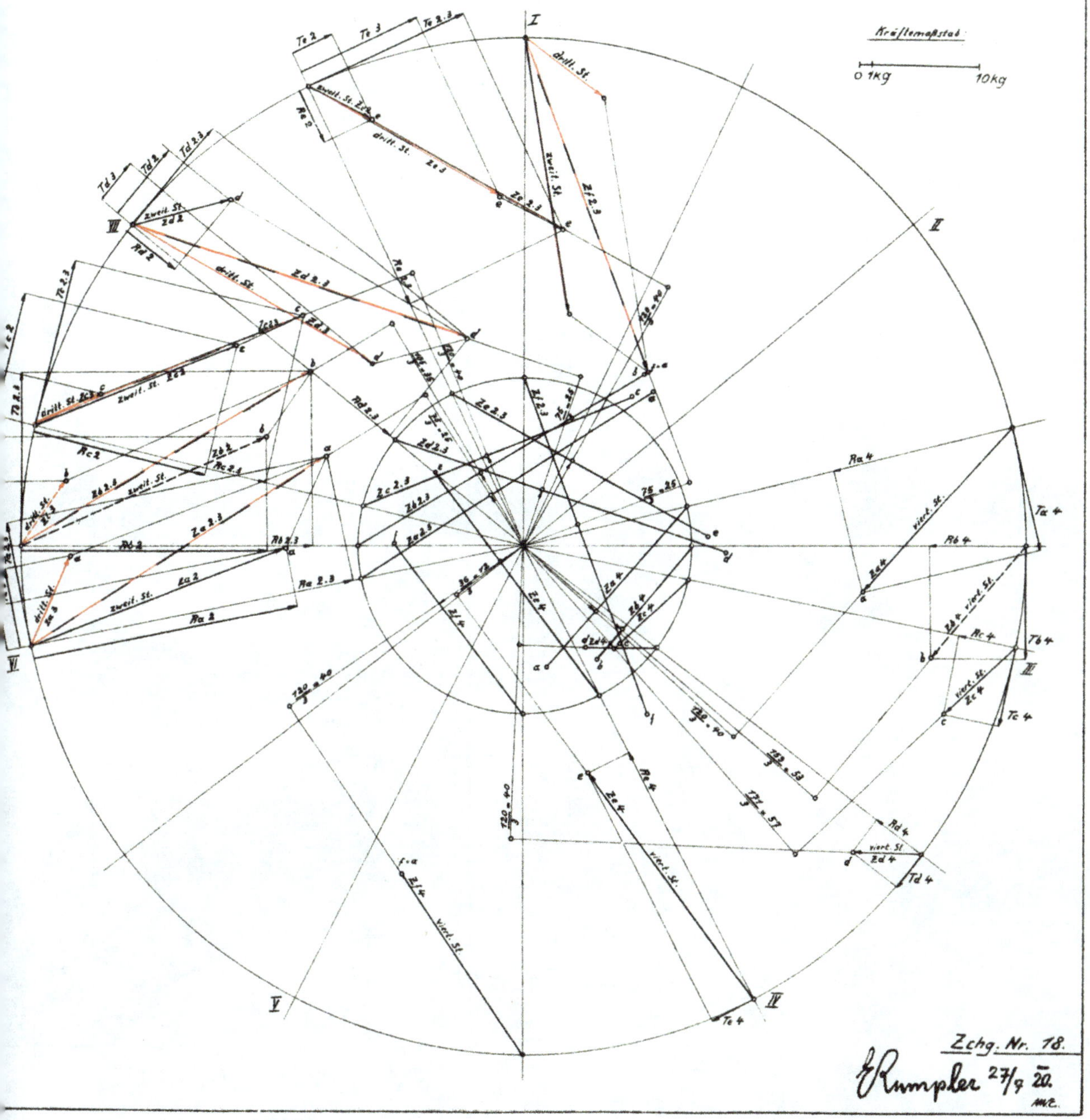

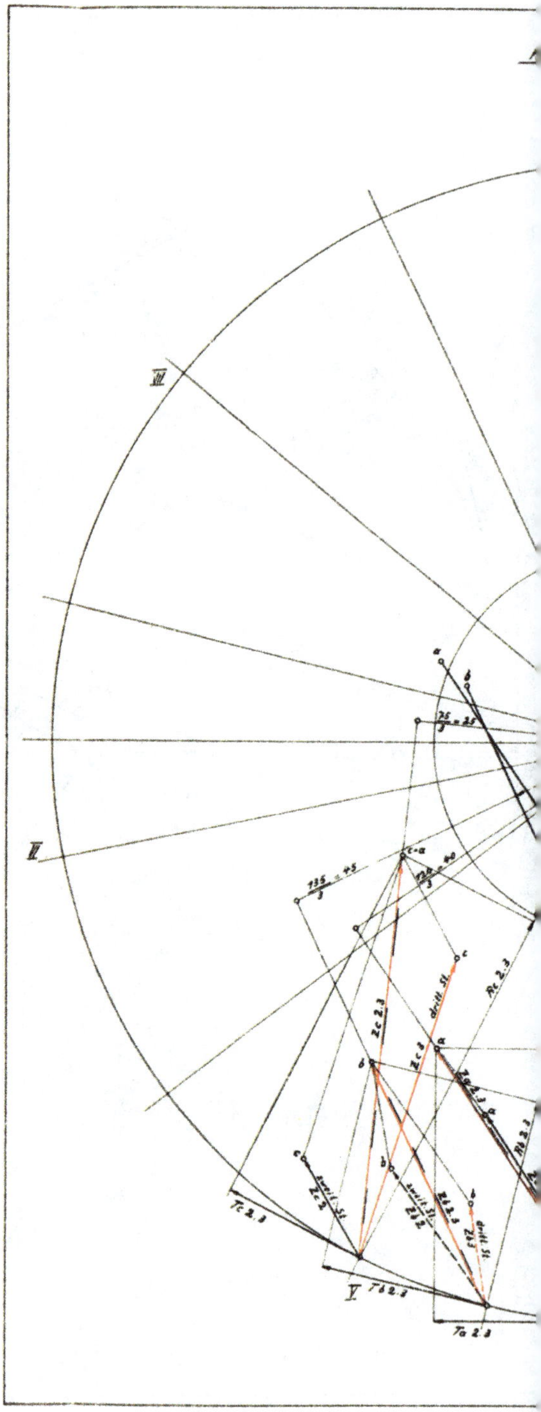

Tc 2.3
Tb 2.3
Ta 2.3
Zc 2.3
Rc 2.3

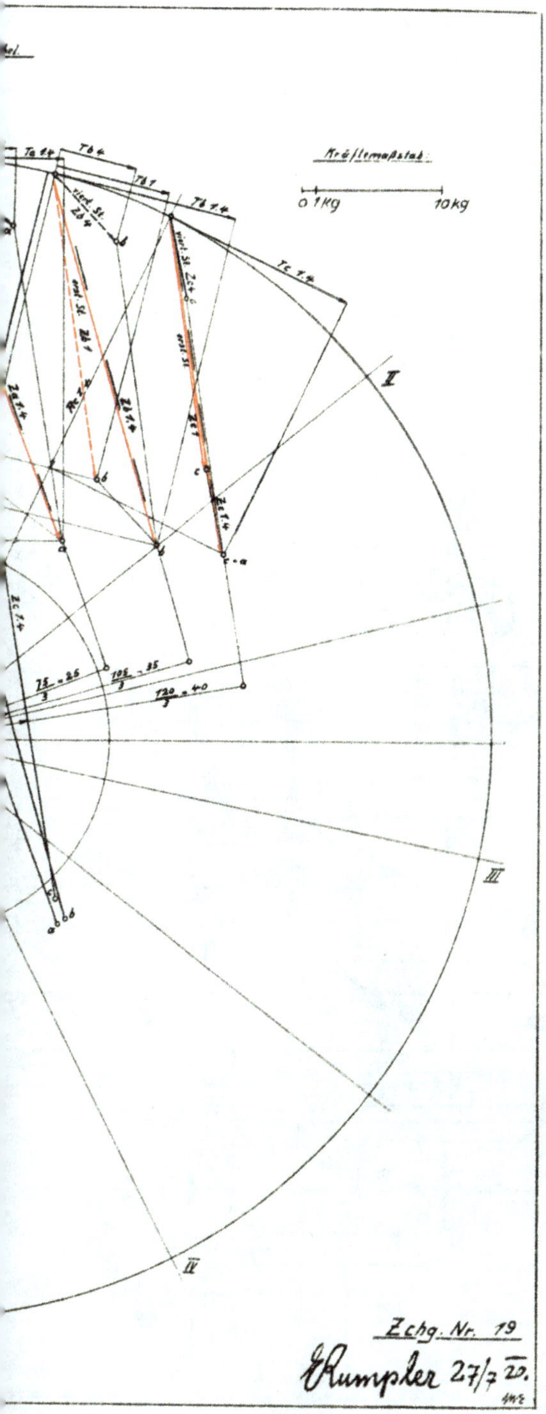
Kräftemaßstab:
0 1 Kg
10 kg
II
III
IV
Zchg. Nr. 19
J. Rumpler 27/7 20.

Schematische Zeichnung der Kurbelwelle samt graphischer Darstellung der Beanspruchungen.

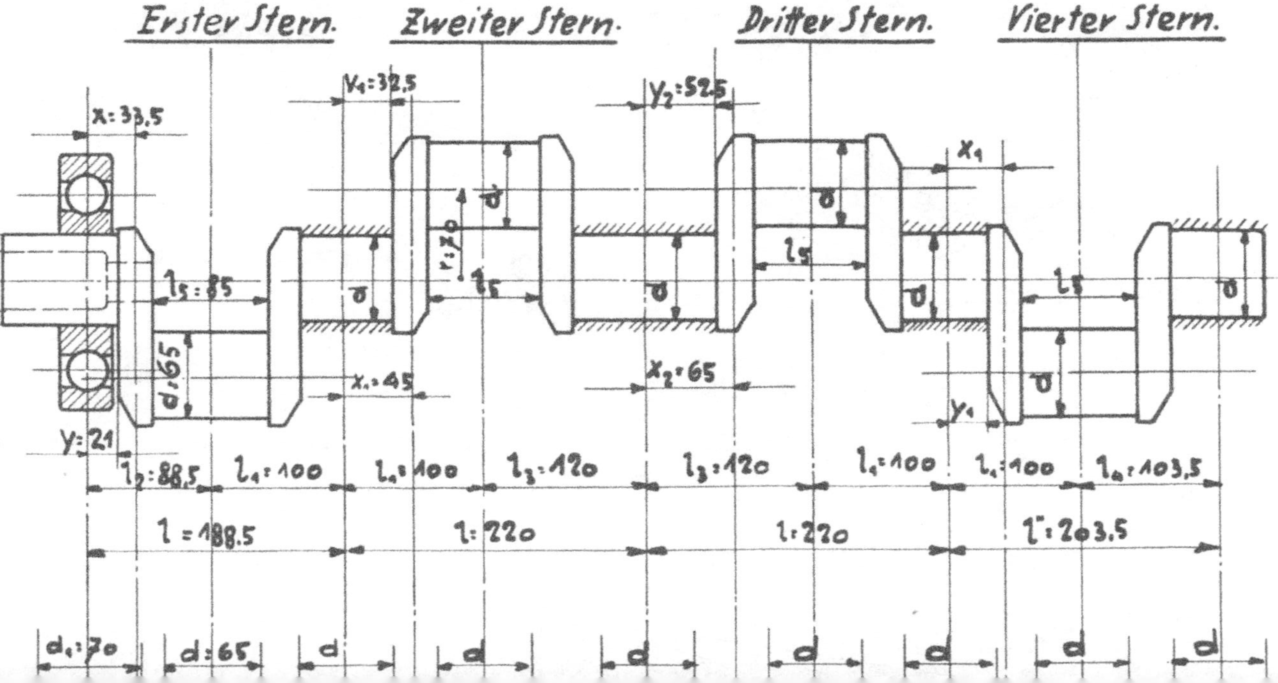

Fig. 1.

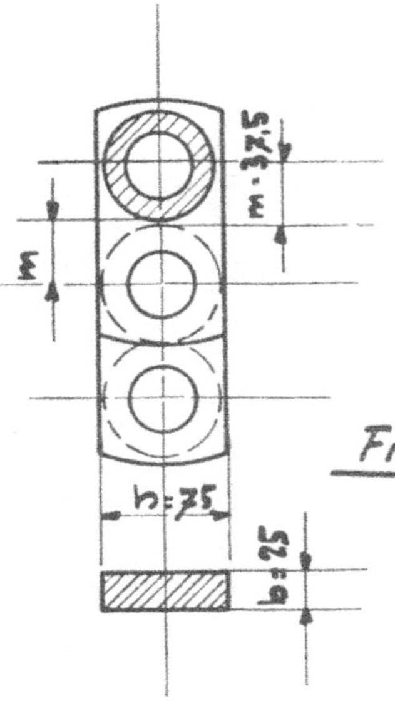

Fig. 2.

Fig. 3. Fig. 4. Fig. 5. Fig. 6 Fig. 7. Fig. 8. Fig. 9.

Sämtliche Wellen- u. Kurbelzapfendurchmesser sind d: 65 m/m, mit Ausnahme des ersten, für das Kugellager bestimmten Wellenzapfens, der d_1: 70 m/m Außendurchmesser hat.

Maximale Beanspruchungen in den Kurbelzapfen.

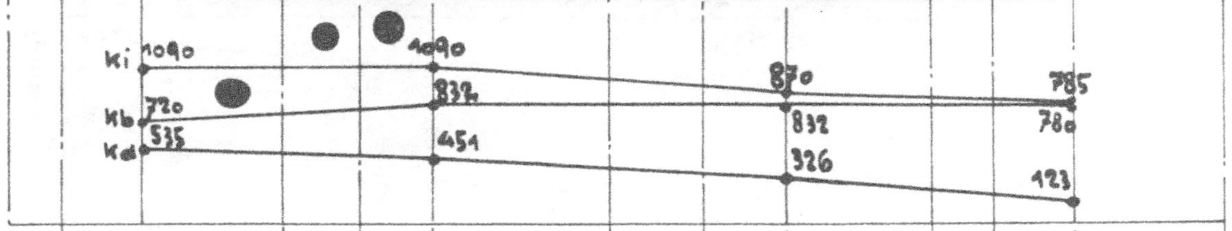

Fig. 10.

Maximale Beanspruchungen in den übertragenden Wellenzapfen.

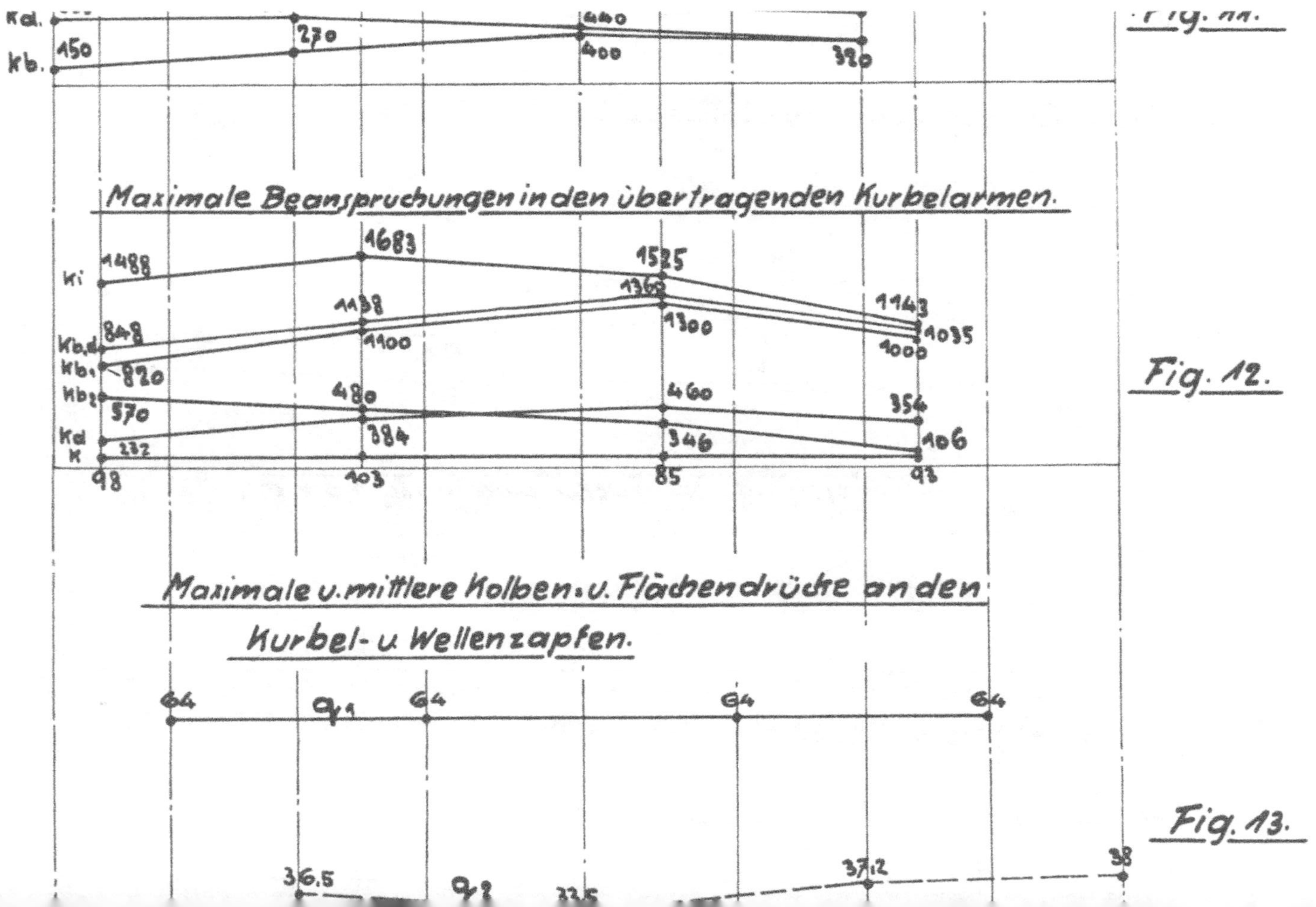
Kd.
Kb.
150
270
440
400
380
Maximale Beanspruchungen in den übertragenden Kurbelarmen.
Ki
Kb,d
Kb1
Kb2
Kd
K
1488
1683
1525
1143
848
1138
1368
1300
1035
1000
820
1100
480
460
354
570
384
346
106
232
98
103
85
93
Fig. 12.
Maximale u. mittlere Kolben- u. Flächendrücke an den Kurbel- u. Wellenzapfen.
64
64
64
64
36.5
37,2
38
Fig. 13.

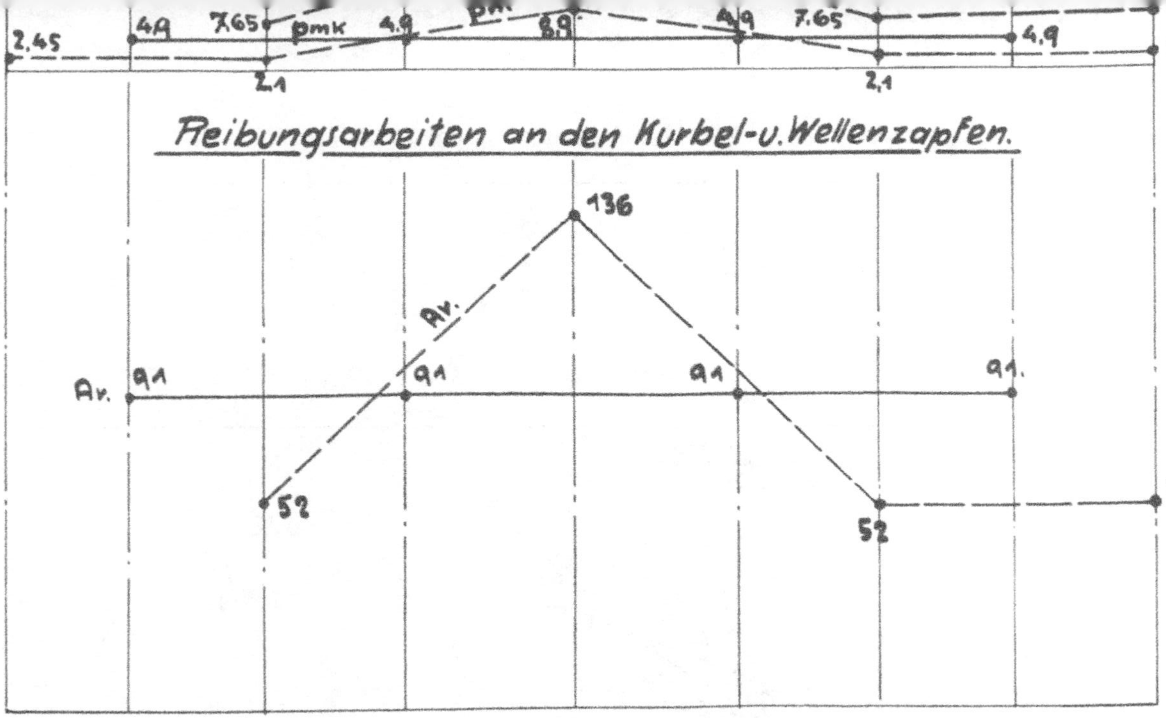

Fig. 14.

Zchng. № 20.

J.B.
M.Z.

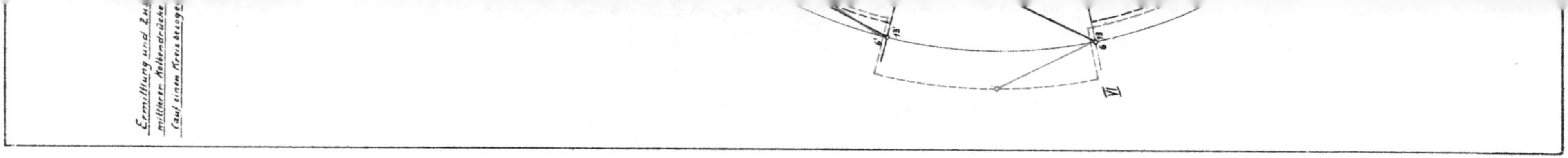

Ermittelung der größten Resultanten der auf die Wellenzapfen reduzierten spezifischen Kolbendrücke.

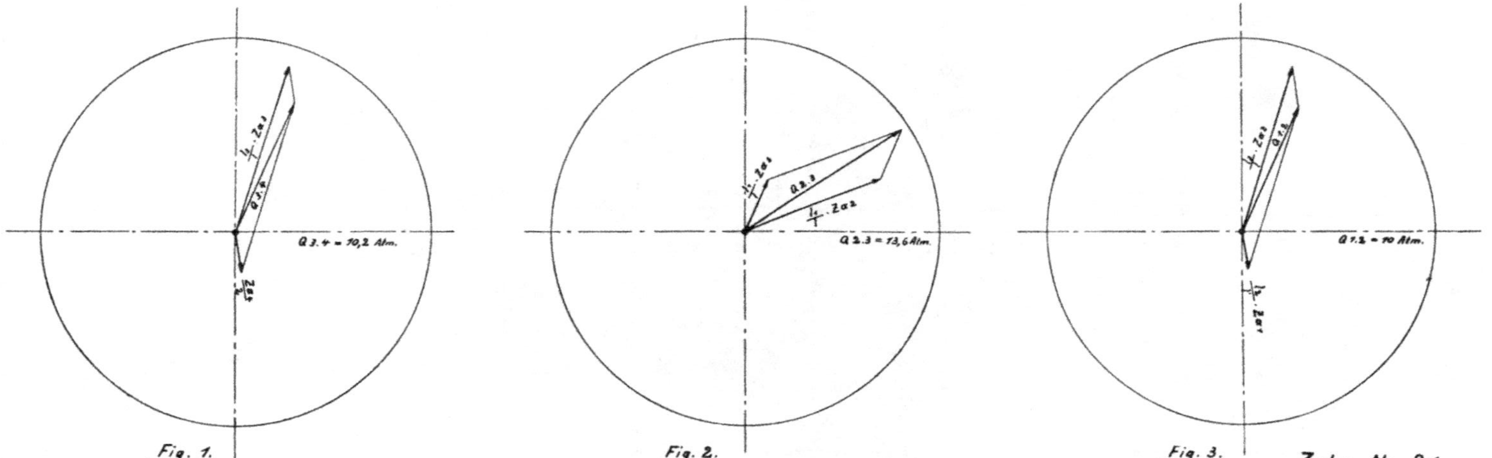

Fig. 1. Fig. 2. Fig. 3.

Zchg. Nr. 21.
Rumpler 27/7 20

...sultierenden
...gen eines Zylindersternes

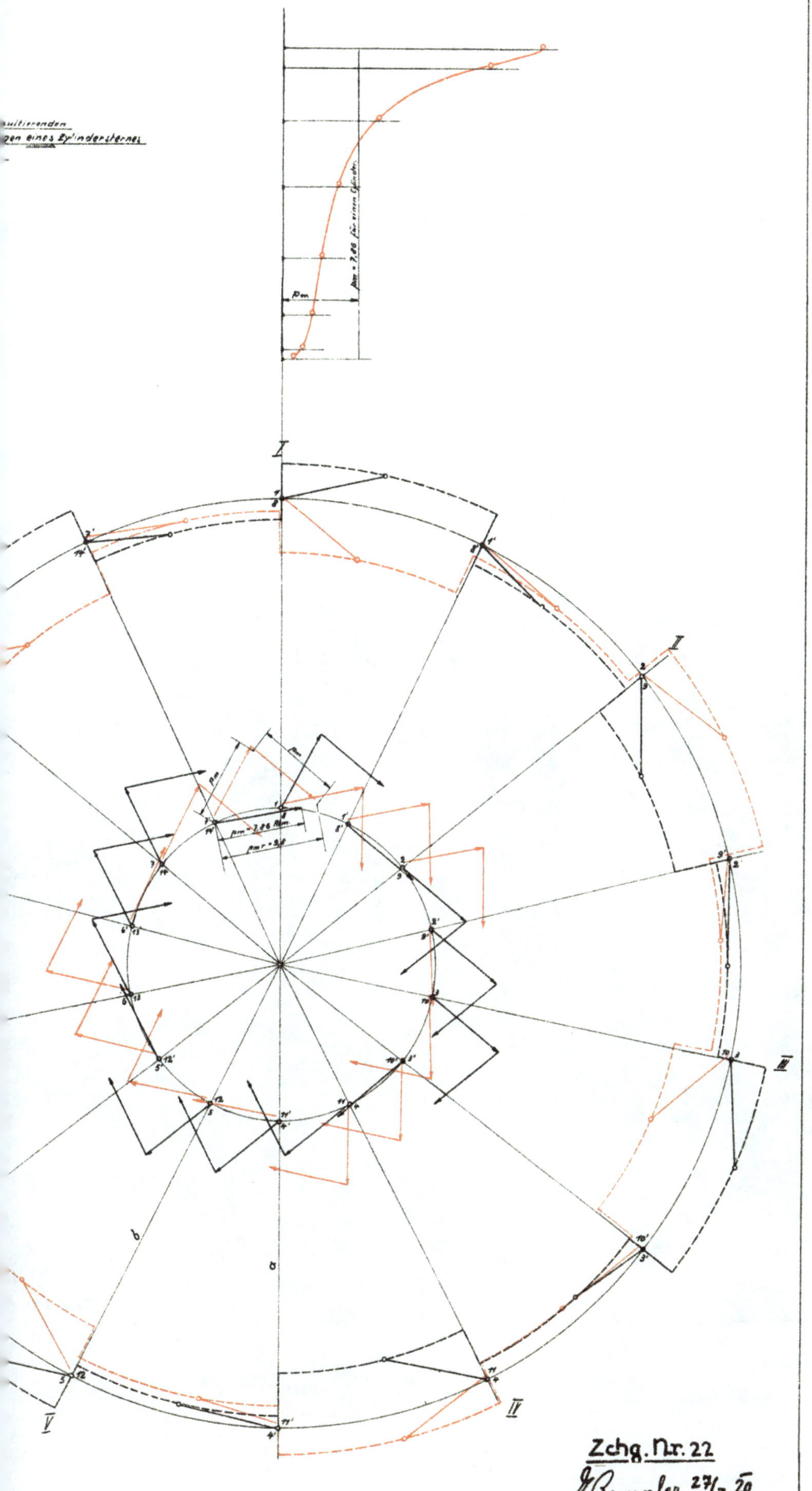

Zchg. Nr. 22

Rumpler 27/7 20

Zusammensetzung der resultierenden mittleren Kolbendrücke der verschiedenen Kurbelstellungen des vierten mit denen des dritten Zylindersternes. (Die Kräfte sind aus Zchg. 22 entnommen.)

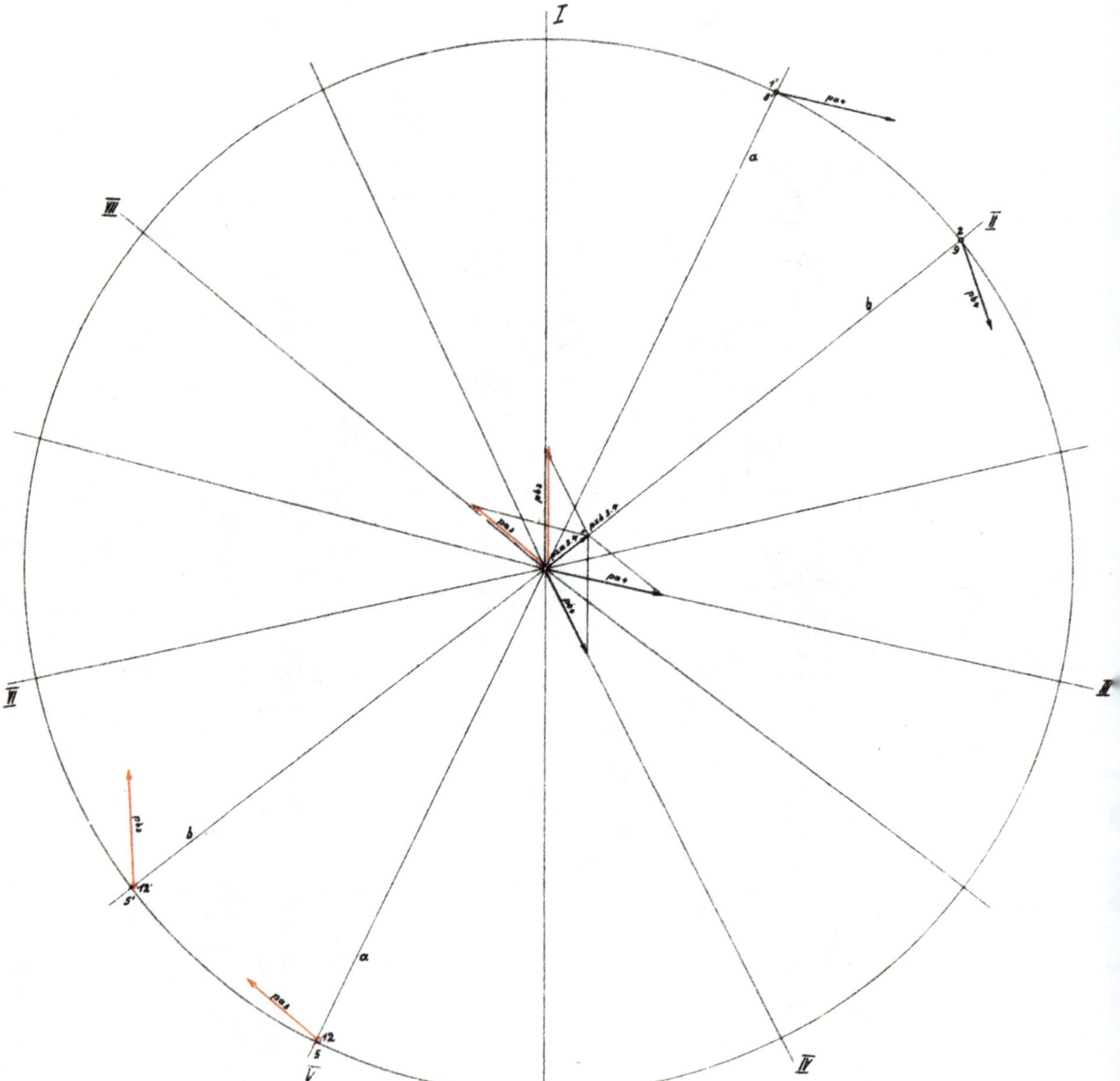

Zchg. Nr.

Kneipler

__Zusammensetzung__ der resultierenden mittleren Kolbendrücke der verschiedenen Kurbelstellungen des dritten mit denen des zweiten Zylindersternes. (Die Kräfte sind aus Zchg. 22 entnommen.)

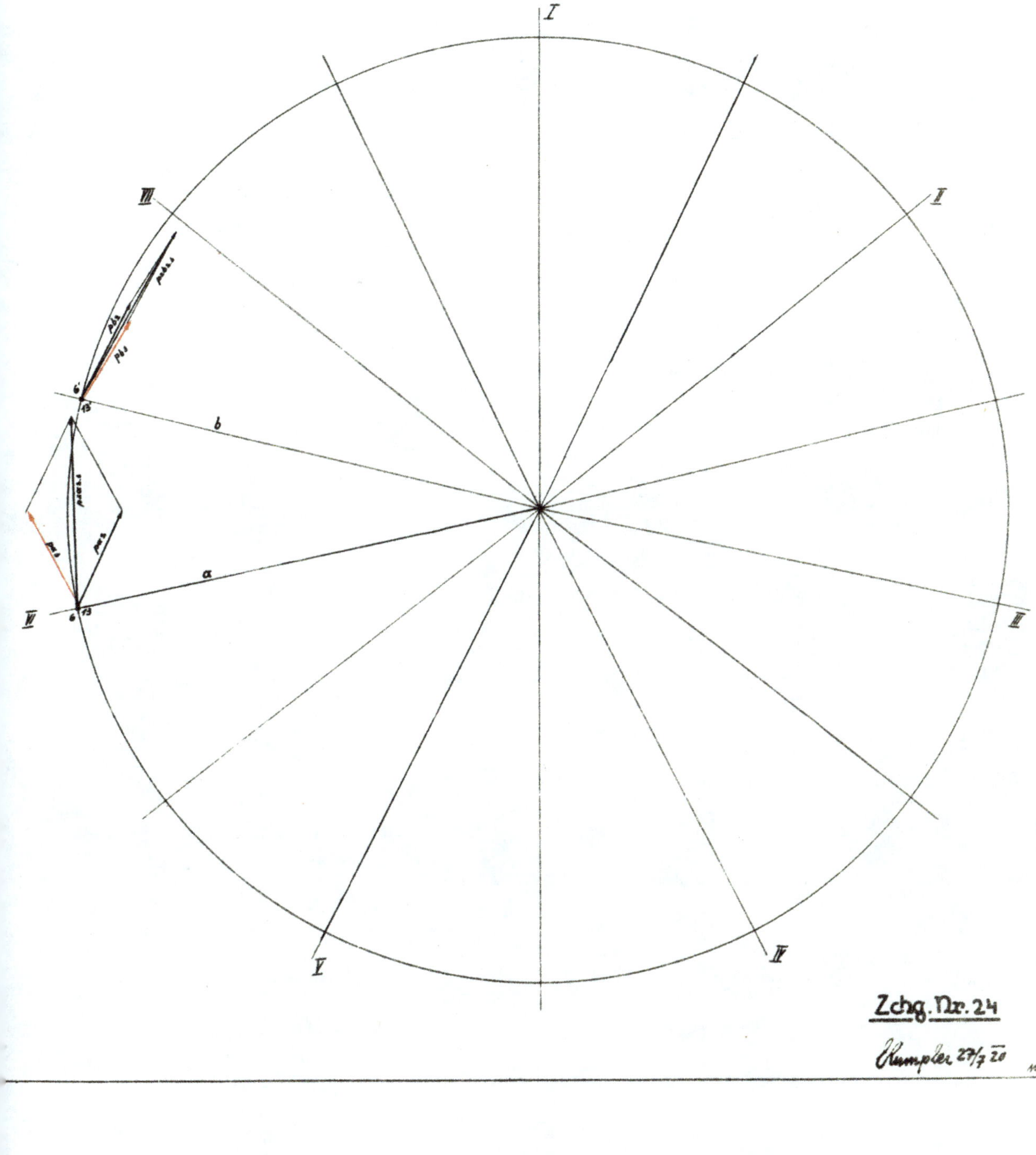

Zchg. Nr. 24

www.ingramcontent.com/pod-product-compliance
Lightning Source LLC
Chambersburg PA
CBHW081342190326
41458CB00018B/6073
9783486745863